GELEOS

МОСКВА

Bill Bryson

The Life and Times of the Thunderbolt Kid

Doubleday

Билл Брайсон

100 % Америка, или Как я стал мужчиной

Перевод с английского В. Михайлова

Geleos Publishing House

УДК 821.111(73)-311.8Брайсон Б.
ББК 84(7Сое)-44
Б87

Главный редактор Мария Григорян

Брайсон, Билл.

100 % Америка, или Как я стал мужчиной / Билл Брайсон; [пер. с англ. В. Михайлова]. — М.: Geleos Publishing House; Кэпитал Трейд Компани, 2010. — 320 с. — Доп. тит. л. англ.

ISBN 978-5-412-00050-3

О чем эта книга?

1. Об Америке. О том времени, когда страна стремительно рвалась вперед! Вперед в науке и технике, вперед в свободе личных отношений, вперед в искусстве и политике!

2. О том, как стать супергероем, суперменом, супервумен в стране, где все дозволено, и если ты точно знаешь, чего хочешь!

Почему ее надо читать?

1. Потому, что это первая полностью бесцензурная книга об Америке.

2. Потому что ее автор — Билл Брайсон. Человек, который стал мужчиной в этой стране и который не стесняется и не боится вывернуть Америку наизнанку.

Билл Брайсон — автор всемирно известного бестселлера «Краткая история почти всего на свете», один из самых популярных писателей англоязычного мира!

БИЛЛ БРАЙСОН

100% АМЕРИКА,

или Как я стал мужчиной

Предисловие и слова признательности

Мои детские годы в целом были довольно сносными. Родители, терпеливые и доброжелательные, обращались со мной относительно нормально. В подвал не запирали, но и не сюсюкали. Я был рожден мальчиком и соответственно воспитывался. Мать, как увидите, однажды отправила меня в школу в девчоночьих брюках, но в остальном в моем воспитании было мало чего травмирующего.

Рос я легко. С моей стороны не требовалось ни умственных, ни физических усилий. Правда, не без того, чтобы что-нибудь да случалось. Поэтому, боюсь, повествование не будет чересчур богато событиями. И все же, при всех оговорках, это было самое захватывающее, волнующее, интересное, содержательное, потрясающее, соблазнительное, полное нетерпеливых желаний, беспокойное, безмятежное, безоблачное, запутанное и выбивающее из колеи время в моей жизни. Так совпало, что все сказанное относилось и к Америке.

Все, о чем здесь говорится, правда — так или иначе имело место в действительности. Но, дабы не ставить никого в неловкое положение, изменены некоторые имена и подробности. Небольшая часть повествования в несколько другом виде первоначально публиковалась в «Нью-Йоркере».

Как всегда, множество людей оказывали мне щедрую помощь, и я хотел бы от души поблагодарить здесь Дебору Адамс, Аосафа Авзала, Мэтью Энджерера, Чарльза Эллиотта, Ларри Финлея, Уилла Фрэнсиса, Кэрол Хитон, Джея Хорнинга, Патрика Янсон-Смита, Тома и Нэнси Джонсов, Шейлу Ли, Фреда Морриса, Стива Рабина, Марианну Велманс, Даниела Уайлза, а также сотрудников университета Дрейка и публичных библиотек Де-Мойна в штате Айова и библиотеки Дарэмского университета в Англии.

Я особенно благодарен моему всегда предусмотрительному американскому издателю Джерри Говарду за кипу журналов «Бойз лайф» («Мальчишеская жизнь»), один из ценнейших и полезнейших подарков, какие я когда-либо получал, и Джеку Певериллу из Сарасоты, штат Флорида, за огромное количество весьма полезных материалов. И конечно, я неизменно благодарен моим близким, не в последнюю очередь моей дорогой Синтии за поистине неизмеримую помощь, брату Майклу и моей несравненной, безгранично азартной матушке Мэри Макгуайр Брайсон, без которой, само собой разумеется, ничего из нижеследующего не было бы возможно.

Глава 1

ЭЙФОРИЯ НАЧИНАЕТСЯ

Спрингфилд, Иллинойс (Ассошиэйтед Пресс). — Вчера Сенат штата Иллинойс «по соображениям эффективности и экономии» распустил Комитет по эффективности и экономии.

«Де-Мойн трибюн»,
6 февраля 1955 года

В конце 1950-х годов Канадские Королевские ВВС выпустили брошюру об изометрике, статических физических упражнениях для укрепления мышц, которыми, правда ненадолго, увлекся мой отец. Идея заключалась в том, что для придания тонуса мышцам и укрепления различных мышечных групп вы использовали любой твердый предмет вроде дерева или стены и из различных положений нажимали на него изо всех сил. Поскольку деревья и стены доступны всем, не надо тратиться на уйму дорогого оборудования — это, как я предполагаю, и привлекало отца.

Он, к несчастью, имел обыкновение делать свои изометрические упражнения и в самолетах. Во время каждого полета он в какой-то момент не спеша проходил в хвост, к бортовой кухне или запасному выходу и упирался спиной или плечом в стенку самолета, как будто пытаясь сдвинуть с места тяжелый механизм. Время от времени он останавливался передохнуть и снова, кряхтя, решительно принимался за однообразный труд.

Поскольку все это выглядело необычно, если не сказать непостижимо, то, естественно, привлекало внимание. Бизнесмены с соседних мест глазели поверх очков. Из-за занавески высовывала голову стюардесса и тоже взирала на сие удивленно, но с долей напряженного внимания, словно вспоминая некоторые аспекты профподготовки, которые раньше не приходилось применять.

Видя, что появились зрители, отец разгибался, приветливо улыбался и начинал в общих чертах рассказывать о пользе изометрических упражнений. Потом демонстрировал их аудитории, от которой скоро не оставалось ни души. Но, как ни странно, это его ничуть не смущало. Чего нельзя было сказать обо мне. Я испытывал неловкость и за нас обоих, и за всех пассажиров, всю авиакомпанию и ее служащих, и за все население любого из штатов, над которым мы пролетали.

Такие вещи были терпимы по двум причинам. Во-первых, на твердой земле отец большую часть времени вел себя далеко не так глупо. Во-вторых, по роду работы ему приходилось летать в крупные города вроде Детройта или Сент-Луиса, останавливаться в больших отелях, присутствовать на бейсбольных матчах, что в известной мере, если не полностью, оправдывало все остальное. Отец работал спортивным обозревателем «Де-Мойн реджистер», которая в то время была одной из лучших газет страны, и частенько брал меня с собой в поездки по Среднему Западу. Иногда мы путешествовали в автомобиле в города поменьше вроде Сиу-сити или Берлингтона, но по крайней мере один раз за лето садились в серебристый самолет — колоссальное событие в те дни — и неслись в летнем небе высоко над пушистыми облаками, направляясь в настоящий большой город смотреть бейсбольный матч Высшей лиги, вершину спорта.

Как и всё в те дни, бейсбол был частью более доступного мира, и мне позволялось до начала игры ходить с отцом в раздевалки, к скамейкам игроков и на поле. Мне ерошил волосы сам Стэн Музиал. Я подносил пролетевший мимо мяч стоявшему кетчером Вилли Мейсу. Давал свой бинокль Харви Куэнну (или, возможно, это был Билли Хефт), дабы он мог получше разглядеть одну полногрудую блондинку на верхней трибуне. Один раз в жаркий июльский полдень я сидел в почти лишенном воздуха клубном помещении под левой трибуной на площадке Ригли Филд в Чикаго рядом с Эрни Бэнксом, знаменитым шорт-стопом, подписывавшим новенькие бейсбольные мячи (между прочим, обладающие самым приятным на свете запахом, и, во всяком случае, ради этого стоило убить время). Я без приглашения уселся рядом и стал передавать по одному свежие мячи. Это серьезно затягивало процедуру, но он, всякий раз улыбаясь, благодарил, словно я делал ему огромное одолжение. Милейший человек, какого я когда-либо встречал. Ощущение такое, словно я состоял в дружбе с самим Всевышним.

Не могу представить более приятного для жизни времени или места, чем Америка 1950-х годов. Ни одна страна не знала подобного процветания. После войны в Соединенных Штатах было на 26 миллиардов долларов новых промышленных предприятий, 140 миллиардов долларов сбережений и военных облигаций, которые только и ждали, чтобы их потратили, не было никаких разрушений от бомбежек и практически отсутствовала конкуренция. Все, что требовалось от американских компаний, так это перестать делать танки и военные корабли и приняться за производство автомашин и холодильников — и должен сказать, дело у них пошло! В 1951 году, когда я выкатился на свет, как свежеиспеченный пирожок, почти у 90 % американских семей были холодильники, а почти три четверти имели стиральные машины, телефоны, пылесосы, газовые или электрические плиты — вещи, о которых в большей части остального мира можно было только мечтать. Американцы владели 80 % мирового электрооборудования, контролировали две трети мировых производственных мощностей, вырабатывали более 40 % электричества, добывали 60 % нефти и производили 66 % стали.

Американцы, составлявшие 5 % населения Земли, обладали большим богатством, чем остальные 95 %.

Я не видел ничего, что бы лучше передавало щедроты того времени, чем фотоснимок (воспроизводимый в этой книге на переднем и заднем форзацах), помещенный в журнале «Лайф» за две недели до моего рождения. На нем изображена семья Чекалински из Кливленда, штат Огайо, — Стив и Стефани с двумя сыновьями, Стивеном и Генри, в окружении двух с половиной тонн продуктов питания. Столько потребляла за год типичная рабочая семья. Среди изображенных там продуктов 450 фунтов* муки, 72 фунта добавляемых в тесто жиров, 56 фунтов сливочного масла, 31 курица, 300 фунтов говядины, 25 фунтов карпов, 144 фунта ветчины, 39 фунтов кофе, 690 фунтов картофеля, 698 кварт** молока, 131 дюжина яиц, 180 буханок хлеба и 8,5 галлонов*** мороженого — все куплено, исходя из бюджета в 25 долларов в неделю. (Г-жа Чекалински, работая экспедитором на заводе Дюпона, получала 1,96 доллара в час.) В 1951 году средний американец съедал на 50 % больше среднего европейца.

Неудивительно, что люди были довольны. Вдруг появилась возможность приобретать вещи, о которых они никогда не мечтали, и они не могли поверить своему счастью. Да и желания были поразительно скромными. Пока еще радовались тостерам и вафельницам. А уж если покупали что-нибудь важное, собирали взглянуть на покупку соседей. Когда мне было года четыре, родители купили холодильник «Амана» с морозильной камерой, и по крайней мере полгода он был на кухне вроде почетного гостя. Уверен, его ставили бы на стол в обед, не будь он таким громоздким. Когда кто-нибудь случайно заглядывал к нам, отец обычно говаривал: «Слушай, Мэри, у нас в

---

* 1 фунт = 453,59237 грамма (*примеч. ред.*).

** 1 кварта = 946,352946 миллилитра (*примеч. ред.*).

*** 1 галлон = 3,78541178 литра (*примеч. ред.*).

«Амане» есть чай со льдом?» Затем со смыслом добавлял гостю: «Обычно есть. Эта штука с морозильником».

«О, с морозильником, — произносили мужчины, понимающе поднимая брови. — Мы тоже подумывали о таком, но в конечном счете остановились на другой модели — «Филкок». Элис очень понравился выдвижной ящик для овощей, а морозильник вмещает целую кварту мороженого. Можешь представить, что как раз *это* и привлекло Уэнделла-младшего».

Они от души посмеются, потом посидят часок, обсуждая достоинства тех или иных бытовых электроприборов. Никогда еще люди не были так довольны жизнью.

И будущее представлялось таким оптимистичным, как никогда прежде. Во всех журналах писали, что скоро у побережий появятся подводные города, в космосе возникнут сферические стеклянные поселения, появятся атомные поезда и самолеты, личные реактивные летательные аппараты, одноместные вертолеты; автомобили можно будет превращать в суда и даже подводные лодки, движущиеся тротуары будут без усилий переносить нас в школы и офисы, автомашины с круглыми прозрачными крышами будут сами мчаться по гладким автострадам, а папа, мама и двое ребят в это время играть в настольные игры, приветливо махать пролетающему мимо в одноместном вертолете соседу или, откинувшись на сиденье, беседовать, употребляя при этом занятные слова, имевшие хождение в пятидесятых, которые сегодня не услышишь: *мимеограф, электрический рашпер, ящик со льдом, охота за девичьими трусиками, боббисокс, спутник, битник, канаста, синерама, Moose Lodge, пинокль, daddy-o.*

Те, кому было не дождаться подводных городов и самоуправляемых автомашин, прямо тогда довольствовались тысячами более мелких радостей. Если бы вы воспользовались всем, что предлагалось рекламодателями в одном номере, например, журнала «Попьюлар сайенс», скажем, за декабрь 1956 года, то, кроме всего прочего, вы могли бы освоить чревовещание, научиться разделывать мясо (по переписке или лично в Национальной школе рубки мяса в Толедо, штат Огайо), освоить выгодное занятие точки коньков на дому у клиентов, продавать огнетушители, сидя дома, раз и навсегда избавиться от грыжи, собирать радиоприемники, чинить радиоприемники, выступать по радио, разговаривать по радио с людьми из разных стран, а возможно, и с жителями других планет, самосовершенствоваться, вырабатывать характер, обрести подобающее мужчине телосложение, научиться танцевать, зарабатывать созданием личных бланков или «делать доллары» в свободное время, строя на газонах фигуры и другие отличающиеся новизной украшения.

Мой брат, вполне разумный человек, однажды приобрел брошюру, обещавшую научить отбрасывать в сторону свой голос. Плотно сжав губы, он выдавал что-то неразборчивое, потом быстро отходил в сторону и говорил: «Ведь звучало словно отсюда, да?» Он также отыскал в «Механикс иллюстрейтед» рекламное объявление, предлагавшее насладиться цветным телевидением дома за 65 центов плюс почтовые расходы, и через месяц получил по почте многоцветный прозрачный пластиковый лист с пояснением, что его следует прикрепить к экрану и смотреть сквозь него.

Потратившись, брат отказывался признаться, что несколько разочарован. Когда человеческое лицо попадало на розоватую часть экрана или часть газона на короткое время совпадала с зеленым участком, он торжествующе подпрыгивал на стуле, восклицая: «Гляди! Вот так будет в цветном телевизоре. Понимаешь, все это пока эксперимент».

На самом деле цветное телевидение мы получили только к концу десятилетия, когда г-н Кисслер с Сент-

Джон-роуд приобрел огромный «Виктор Консолетт» производства Ар-си-эй, флагман серии телевизоров этой корпорации, стоивший кучу денег. По крайней мере два года он был единственным владельцем цветного телевизора, этой поражающей воображение новинки. По субботним вечерам соседские ребятишки прокрадывались к нему во двор и забирались на клумбы, чтобы через окно с двойными рамами позади дивана посмотреть программу, называвшуюся «Моя живая кукла». Я абсолютно уверен, что хозяин не знал, что вместе с ним телевизор молча смотрят два десятка ребятишек разных лет и комплекций, иначе так бурно не выражал бы своего восторга каждый раз, как на экран выпархивала Джули Ньюмар. Я думал, что это своего рода изометрика.

Почти сорок лет, начиная с 1945-го и до выхода на пенсию, отец ежегодно ездил на матчи первенства по бейсболу. По всем меркам это было вершиной его рабочего года. Целых две недели он не только гулял за казенный счет в самых многолюдных и захватывающе интересных городах страны — а из Де-Мойна все города видятся многолюдными и интересными, — но и был очевидцем множества самых незабываемых моментов в истории бейсбола. Потрясающей ловли мяча одной рукой, выполненной Эль Джионфриддо с драйва от линии Джо ди Маггио, безупречной игры Дона Ларсена в 1956 году, победоносной перебежки Билла Мазероски в 1960-м. Знаю, вам это ничего не говорит — как и большинству в наши дни, — но тогда те моменты вызывали почти единодушный бурный восторг всей страны.

Тогда игры первенства проходили днем, так что, если хотелось посмотреть игру, приходилось прогуливать уроки или обнаруживать подходящую заразную болезнь («Знаешь, мам, учительница говорит, повсюду распространяется туберкулез»). У радио и телевизоров собирались толпы. Посмотреть или послушать хотя бы часть игры на первенство, пускай даже половину иннинга* в обеденный перерыв, стало своего рода запретным увлечением. И если вам доводилось оказаться на месте, когда случалось что-нибудь памятное, то оно запоминалось на всю жизнь. Отец обладал поразительной способностью в такие моменты оказываться на месте — но никак не в плодотворный сезон (каким уместным порой может быть слово) 1951 года, когда начинается наша история.

В Национальной лиге (одно из главных подразделений Высшей лиги в бейсболе, вторым является Американская лига) «Бруклин доджерс» («Бруклинские ловкачи») нацелились на легкое первенство, когда в середине августа их соперники с другого конца города, «Нью-Йорк джайентс» («Нью-йоркские великаны»), ожили и постарались вернуть крайне невероятное первое место. На своем поле они выиграли тридцать семь из сорока четырех встреч, казалось бы роковым образом лишая «доджеров» когда-то неоспоримого преимущества. К середине сентября только и было разговоров, сумеют ли удержаться «доджеры». Многие от жары и возбуждения падали замертво. Обе команды закончили сезон мертвой ничьей, поэтому, чтобы определить, кто в первенстве страны выступит против Американской лиги, спешно организовали серию из трех игр. Как почти все газеты в отдаленных городах, «Реджистер» не посылал репортеров на такие спонтанные встречи, предпочитая до начала игр на первенство страны полагаться на телеграфные службы.

Эта дополнительная серия добавила три дня к сладостным мукам страны. Первые две встречи команды поделили между собой, так что все свелось к третьей, решающей, игре. Казалось, «доджеры» наконец восстановили

---

* *Иннинг* — часть бейсбольного матча, во время которой команды по разу играют в защите и нападении. Как правило, матч состоит из 9 иннингов (*примеч. ред.*).

прежнюю выдержку и непоколебимость. К финальному иннингу они надежно вели 4:1, до победы оставалось всего три аута. Но «джайентс» нанесли ответный удар: когда Бобби Томсон (родился в Глазго, можете гордиться) ступил на базу, они заработали перебежку и еще двух игроков на базах. О том, что совершил Томсон в собирающихся осенних сумерках того дня, множество раз вспоминали как о величайшем моменте в истории бейсбола.

«Выручивший «доджеров» Ральф Бранка сделал вчера подачу, которая войдет в историю, — писал один из присутствовавших. — К несчастью, она оказалась исторической для другого. «Летучий шотландец» Бобби Томсон отбил вторую подачу Бранки сильнейшим ударом через левую стенку, обеспечившим победную перебежку. Ошеломленные болельщики на какой-то момент замерли в молчании.

Затем, когда до их сознания дошло, что случилось чудо, двухъярусные трибуны стадиона «Поло граундз» сотрясались до фундамента. «Джайентс» завоевали призовой вымпел, завершив одно из невероятнейших восхождений к первенству в истории бейсбола».

Автором этих строк был мой отец, который неожиданно стал очевидцем момента славы Томсона. Одному богу известно, как ему удалось уговорить известное своей прижимистостью руководство «Реджистера» послать его в Нью-Йорк, за тысячу сто тридцать две мили* от Де-Мойна, на эту решающую встречу — опрометчивые расходы, совсем не соответствовавшие многолетней бережливости, — или как ему удалось в последний момент заручиться аккредитацией и получить место в ложе для прессы.

Но тогда он должен был находиться там. Это было предопределено. Я вовсе не хочу сказать, что Бобби Томсон осуществил эти удар и перебежку, потому что там присутствовал мой отец, и что удара не было бы, не

* 1 миля = 1,609344 километра (*примеч. перев.*).

будь там отца. Я лишь говорю, что отец находился там, и Бобби Томсон был там, и удар с перебежкой состоялись, и иначе быть не могло.

Отец остался на первенство страны, в котором «янки» довольно легко побили «джайентс» в шести играх, — думаю, мир за одну осень мог пережить только одно такое волнующее событие, — потом вернулся к обычной спокойной жизни в Де-Мойне. Месяц с небольшим спустя, в холодный снежный день в начале декабря, его жена отправилась в больницу и без лишнего шума родила мальчика: третьего ребенка, второго сына, первого супергероя. Его назвали Уильямом, по отцу. А обычно звали Билли, пока он не подрос и не попросил больше так его не называть.

Кроме самой знаменитой бейсбольной перебежки и рождения меня, Малыша по прозвищу Молния, 1951 год в Америке был не слишком богат событиями. Президент Гарри Трумэн вскоре уступил место Дуайту Д. Эйзенхауэру. Война в Корее была в самом разгаре, и дела там шли не шибко хорошо. Джулиус и Этель Розенбергов бесславно обвинили в шпионаже в пользу Советского Союза, но, до того как попасть на электрический стул, они еще два года будут сидеть в тюрьме. В Топеке, штат Канзас, хорошо образованный чернокожий Оливер Браун обратился в суд с жалобой на местный попечительский совет, потребовавший, чтобы его дочь ходила в школу для черных за двадцать один квартал, тогда как всего в семи кварталах имелась прекрасная школа для белых. Это судебное дело, увековеченное под названием «Браун против Министерства просвещения», окажется одним из самых чреватых серьезными последствиями в современной американской истории, однако станет известным за пределами судебных кругов лишь тремя годами позже, когда дойдет до Верховного суда.

Население Америки в 1951 году составляло сто пятьдесят миллионов человек, чуть больше половины нынешнего населения, машин было всего четверть от нынешнего числа. Мужчины почти повсюду ходили в шляпах и при галстуках. Женщины почти всё готовили вручную, без кухонных приспособлений. Молоко продавалось в бутылках. Почтальоны ходили пешком. Расходы правительства составляли 50 миллиардов долларов в год по сравнению с 2500 миллиардами долларов сегодня.

«Я люблю Люси» впервые появился на телевидении 15 октября, а в декабре дебютировал Рой Роджерс, поющий ковбой. Той осенью полиция в Окридже, штат Теннесси, схватила одного парня по подозрению в хранении наркотиков, обнаружив у него странный коричневый порошок. Но мальчишку пришлось освободить, когда выяснилось, что это новый продукт, называемый быстрорастворимым кофе. Были в новинку, а то еще и не совсем доработаны, шариковые ручки, продукты быстрого приготовления, «телевизионные ужины», электрооткрывалки консервных банок, торговые пассажи, скоростные автострады, супермаркеты, разросшиеся пригороды, домашние кондиционеры, рулевое управление с усилителем, автоматическое переключение скоростей, контактные линзы, кредитные карточки, магнитофоны, мусоропроводы, посудомоечные машины, долгоиграющие пластинки, портативные проигрыватели, бейсбольные команды Высшей лиги западнее Сент-Луиса и водородная бомба. Появились микроволновые печи, но весом семьсот фунтов. До реактивных пассажирских самолетов, застежек-липучек, транзисторных радиоприемников и компьютеров размером меньше небольшого дома все еще оставались годы.

В головах людей много места занимала ядерная война. В среду, 5 декабря, в Нью-Йорке за семь минут улицы полностью опустели — город, по словам журнала

«Лайф», пережил «самые крупные противовоздушные учения атомного века». Под завывание тысяч сирен люди, толкаясь, бросились (ну а на самом деле весело зашагали, останавливаясь позировать фотографам) в указанные убежища, а по существу — в любые более или менее прочные здания. На снимках в «Лайф» изображались Санта-Клаус, весело выводящий из «Макдоналдса» группу детишек, толпа выходящих из парикмахерских полунамыленных клиентов со своими брадобреями и выбегающие из фотосалона манекенщицы в купальных костюмах, ежащиеся от холода с деланно испуганным видом, правда уверенные, что фотография в «Лайф» не причинит их карьерам никакого вреда. Только рестораторы были освобождены от участия в учениях на том основании, что эвакуированные из ресторана посетители вряд ли вернутся заплатить по счетам.

В центре Де-Мойна, в старом отеле «Каргилл» на углу Седьмой и Гранд, во время самого крупного рейда полиция арестовала за проституцию девятерых женщин. Операция была что надо. Сразу после полуночи восемьдесят полицейских штурмовали здание, но обитающих там женщин нигде не могли найти. Только после упорных шестичасовых поисков полиция смогла обнаружить за лестничной стенкой пустоту, где таились девять покрывшихся гусиной кожей, в большинстве своем голых, женщин. Все были арестованы за проституцию и оштрафованы на тысячу долларов каждая. Не могу не задаться вопросом: проявила бы полиция такое усердие, доведись ей искать голых мужиков?

8 декабря 1951 года ознаменовало десятую годовщину вступления Америки во Вторую мировую войну и десятую годовщину плюс один день со дня налета японцев на Перл-Харбор. В Центральной Айове день был холодный, с легким снежком и температурой −2° по Цельсию, но с запада надвигались предвещавшие вьюгу тяжелые

облака. Де-Мойн, город с двухсоттысячным населением, приобрел десять новых граждан — семь мальчиков и трех девочек — и потерял только двоих.

В воздухе витало Рождество. Рождественская реклама в тот год красноречиво свидетельствовала о процветании. Очень популярны были блоки сигарет с веточками остролиста и другими праздничными украшениями, а также самые разнообразные бытовые электроприборы. В большой моде были технические новинки. Отец купил матери ручную дробилку льда для коктейлей, которая за двадцать минут энергичного кручения превращала идеальные кубики льда в небольшое количество холодной жижицы. После встречи нового, 1952, года ею ни разу не пользовались, хотя до середины 1970-х она неизменно украшала угол кухонного стола.

Правда, среди расплывающейся в улыбках рекламы и веселых редакционных статей встречались и материалы с намеком на более или менее глубокую озабоченность. «Ридерс дайджест» той осенью вопрошал: «Кто владеет умами ваших детей?» (Судя по всему, сочувствующие коммунистам учителя.) Полиомиелит был до того широко распространен, что даже в журнале «Хауз бьютифул» появилась статья о том, как уменьшить риск заболеваемости детей. Среди содержавшихся там советов (почти все бесполезные) были такие, как хранить закрытыми все продукты питания, избегать пребывания в холодной воде или в мокрых купальных костюмах, побольше отдыхать и, прежде всего, остерегаться «принимать новых людей в семейный круг».

В появившейся в декабре в журнале «Харперс» статье Нэнси Б. Мэвити прозвучала тревожная нотка касательно нового явления в экономике — семей, в которых ради покрытия расходов на более претенциозный образ жизни работают и муж, и жена. Мэвити беспокоит не то, как женщина будет находить время и силы, чтобы работать, воспитывать детей и вести хозяйство, а, скорее, то, как это скажется на традиционной репутации мужчины как кормильца семьи. «Я бы постыдился позволить своей жене работать», — цитирует Мэвити одного из мужчин, и, судя по ее тону, было ясно: она ожидает, что с этим согласится большинство читателей. Следует отметить, что до войны многие женщины в Америке не могли работать, хотели они того или нет. До Перл-Харбор в половине из сорока восьми штатов имелись законы, запрещающие замужним женщинам работать по найму.

В этом отношении отец придерживался достойных похвалы широких взглядов, я бы сказал, был даже страстным поклонником, ибо все, что касалось способности жены зарабатывать, радовало его сердце. Мама тоже работала в «Де-Мойн реджистер» редактором отдела домашней обстановки и в этом качестве внушала уверенность двум поколениям создательниц семейного уюта, жаждавшим знать, пришло ли время декорировать спальни пестрыми материалами, каким подушкам быть на диване — квадратным или круглым и даже соответствует ли моде сам ваш дом. «Одноэтажному ранчо быть», — заверяла она читателей, надо полагать, под возгласы облегчения жителей западных пригородов в последней статье перед моим появлением на свет.

Поскольку мои родители оба работали, мы жили лучше большинства людей нашего социального и материального происхождения (какими в 1950-х были большинство жителей Де-Мойна). Мы, то есть мои родители, брат Майкл, сестра Мэри Элизабет (или Бетти) и я, жили в бо́льшем доме с бо́льшим участком, чем большинство сослуживцев отца. Это был белый дом с черными ставнями и большой закрытой верандой, стоявший на верху тенистого холма, в самой лучшей части города.

Сестра и брат значительно старше меня — сестра на шесть, брат на девять лет — и в моих глазах были вполне взрослыми, чтобы основную часть моего детства часто появляться мне на глаза. Первые годы моей жизни у нас с братом была одна маленькая общая спальня. Мы хорошо ладили. Брат постоянно страдал от простуд и аллергий, и у него было по крайней мере четыре сотни носовых платков, в которые он самозабвенно и очень шумно сморкался, а потом совал их в первые попавшие под руку подходящие места — под матрасы, между диванными подушками, за шторы. Когда мне исполнилось девять, он уехал в колледж, потом работал журналистом в Нью-Йорке и жил дома время от времени, так что с тех пор у меня появилась своя комната. Но я все еще находил его носовые платки, когда учился в старших классах.

Единственной неблагоприятной стороной маминой работы было то, что она затрудняла ведение домашнего хозяйства. Особенно это касалось приготовления ужина. Мать всегда прибегала с работы поздно, к тому же была забывчива. Каждый вечер примерно без десяти минут шесть она влетала с заднего входа, кидала что-то в духовку и исчезала из кухни, принимаясь за тысячу других дел по дому. В результате она почти всегда забывала об ужине. Как правило, мы узнавали, что пришло время ужинать, когда слышали, как в духовке с треском лопается картошка.

Поэтому мы называли кухню не кухней, а камерой сгорания.

«Чуть подгорело, — каждый раз сконфуженно говорила мать, подавая кусок мяса, похожий на любимого щенка, только что спасенного из огня. — Но я почти все обгоревшее обрезала, или почти все», — добавляла она.

К счастью, все это вполне устраивало отца. Его нёбо реагировало только на два вкуса — горелого и мороженого, так что если блюдо было достаточно темным и не слишком ароматным, то считалось съедобным. Их брак поистине совершился на небе, ибо ни у кого так не подгорала еда, как у матери, и никто не был так неприхотлив в еде, как отец.

Для работы мать покупала кучу журналов по домоводству — «Хауз бьютифул» («Красивый дом»), «Хауз энд гарден» («Дом и сад»), «Беттер хоумз энд гарденз» («Лучшие дома и сады»), «Гуд хаузкипинг» («Умелое домоводство»), и я их жадно прочитывал, отчасти потому что они были разбросаны повсюду и в доме все свободные минуты посвящались чтению, отчасти потому, что в них описывалась захватывающая жизнь, так не похожая на нашу. Домашние хозяйки в маминых журналах казались такими собранными, такими организованными, так уверенно держали дела в своих руках, приготовленная пища всегда выглядела идеально — вся жизнь была идеальной. Прежде чем достать еду из духовки, они принаряжались! На потолках над плитами не было закопченных кругов, из забытых кастрюль ничего не выкипало. Детей никогда не надо было отгонять, когда те открывали дверцы *своих* духовок. А блюда «Запеченная Аляска», омар «Ньюберг», цыплята каччиаторе — да о таких блюдах не то что мечтать не приходилось, их в нашем штате просто не существовало.

Как и большинство жителей Айовы в 1950-х годах, мы у себя дома были осторожными едоками*. Пробуя еду, нам незнакомую, — в самолетах, поездах или при-

---

* В сущности, как и большинство американцев, ведущий в то время писатель-кулинар Данкен Хайнз, автор пользовавшейся огромным успехом книги «Авантюры в области еды», сам был осторожным едоком и с гордостью утверждал, что, если было можно, он избегал бы блюд с французскими названиями. А еще Хайнз хвастался, что не отваживался покидать Америку до семидесяти лет. А когда съездил в Европу, ему там ничего не понравилось, особенно пища (*примеч. автора*).

готовленную кем-то не из Айовы, — мы по привычке опасливо ковыряли ножом, разглядывали со всех сторон, словно раздумывая, не отставить ли в сторону. Однажды в Сан-Франциско друзья повели отца в китайский ресторан, и потом он рассказывал нам, что это было смерти подобно.

— Представляете, они едят палочками, — как об открытии поведал он.

— О господи! — воскликнула мать.

— Готов, скорее, заработать газовую гангрену, чем снова пройти через такое, — заключил отец.

В нашем доме не ели:

— макароны, рис, сливочный сыр, сметану, чеснок, майонез, лук, солонину, копченую говядину, салями и вообще заграничную пищу, исключая французские гренки;

— белый хлеб, в котором по крайней мере 65 процентов воздуха;

— специи, кроме соли, перца и кленового сиропа;

— рыбу любого вида, кроме прямоугольной и обваленной в ярких оранжевых хлебных крошках, да и то только по пятницам и если мать не забывала, что сегодня пятница. Это, правда, бывало не часто;

— супы, не благословленные у Кэмпбелла, да и тех немного;

— всё с сомнительными местными названиями, вроде кукурузных лепешек «поун», или супа «гамбо» из стручков бамии, или еду, которая всегда считалась излюбленным продуктом питания рабов или крестьян.

Всякая другая еда — карри, энчилады, тофу, бейгели, суши, кускус, йогурт, кейл, рокет, пармская ветчина, всякий сыр, не ярко-желтый и недостаточно блестящий, чтобы видеть в нем свое отражение, — либо еще не была придумана, либо мы о ней пока не знали.

Мы действительно были поразительно неискушенными. Помню, как удивился, узнав в уже довольно зрелом возрасте, что креветочный коктейль — вовсе не подаваемый перед обедом алкогольный напиток с креветкой в бокале.

Все наши трапезы состояли из объедков. У матери, похоже, были неистощимые запасы продуктов, уже побывавших на столе, иногда неоднократно. Кроме портящихся молочных продуктов, все в холодильнике было старше меня, иногда на много лет. (Продуктом самых преклонных годов, само собой разумеется, был хранившийся в жестяной банке фруктовый пирог, своим происхождением уходивший в колониальное время.) Могу лишь предположить, что мать наготовила всего в 1940-х годах, чтобы оставшуюся жизнь удивляться, обнаруживая что-нибудь под крышкой в глубине холодильника. Никогда не видел, чтобы она выбрасывала что-нибудь из еды за негодностью. Качество определялось на глаз: если открывалась крышка и вы не шарахались в сторону при запахе содержимого, считалось, это можно есть.

Родители выросли во время Великой депрессии и никогда без необходимости ничего не выбрасывали. Мать, как правило, мыла и сушила одноразовые бумажные тарелки и разглаживала для повторного использования фольгу. Если у тебя на тарелке оставалась горошина, она шла в ход в следующий раз. Сахар поступал из ресторанов в маленьких пакетиках, спрятанных в глубоких карманах, как и джемы, конфитюры, крекеры (устричные и подсоленные), соус тартар, отчасти масло и кетчуп, бумажные салфетки, а то и, правда изредка, пепельница — словом, все, что находилось на столиках в ресторане. Одним из удачных моментов в жизни моих родителей было появление расфасованного в небольшие одноразовые пакетики кленового сиропа. Он тоже пополнил домашние запасы.

Под раковиной мать держала огромную коллекцию всевозможных банок, включая одну, известную как банка для нужды. Это слово означало «пописать», и в мои ранние годы она использовалась в случаях, если необходимость куда-то пойти вдруг совпадала с чьей-то нуждой, — когда я говорю «чьей-то», то, разумеется, подразумеваю младшего в семье, то есть себя.

«О, тогда придется сходить в баночку», — со сдерживаемым раздражением говорила мать, озабоченно поглядывая на часы. До меня долго не доходило, что баночка иногда, и даже не редко, использовалась дважды. Я думал, что баночку обычно выбрасывали и заменяли свежей — в конце концов, у нас их были сотни.

Так что можете представить мои ужас и смятение, когда я однажды вечером открыл холодильник, чтобы взять консервированных персиков, и вдруг понял: все мы едим из баночки, в которой несколько дней назад была моя моча. Я сразу узнал баночку, потому что ее украшала зигзагообразная наклейка, поразительно напоминавшая знак Зорро. А теперь нá тебе — в ней персиковый компот. Я бы удивился не больше, покажи мне кто-нибудь пачку фотоснимков матери на месте преступления в компании, скажем, с парнями у бензоколонки.

— Мам, — сказал я, входя в столовую с находкой в руках, — это же *моя* баночка.

— Нет, детка, — не поднимая головы, успокоила она. — У тебя *отдельная* баночка.

— Что это за баночка? — полюбопытствовал отец, отправляя в рот персик.

— Я в нее писаю, — пояснил я. — Вот она.

— Билли писает в банку? — не совсем внятно переспросил отец, поскольку половинка персика осталась на языке в ожидании дальнейшей информации о своем прошлом.

— Иногда, — ответила мать.

Теперь отец почти полностью запутался, но с набитым ртом был не в состоянии вразумительно говорить. Думаю, он спрашивал, почему я, как все нормальные люди, не хожу наверх, в уборную. В той обстановке вопрос вполне уместный.

— Ну, бывает, мы торопимся, — чуть смутившись, продолжала мать. — Так что я держу под раковиной баночку... отдельную баночку.

Я притащил из холодильника еще банок, сколько мог унести, и заявил:

— Уверен, что я ходил во все, — заявил я.

— Такого не может быть, — ответила мать, но в голосе звучала неуверенная нотка. Затем, скорее во вред себе, добавила: — Во всяком случае, прежде чем использовать банки, я всегда их ополаскиваю.

Отец поднялся, прошел на кухню, наклонился над мусорным ведром и выплюнул половинку персика вместе с половиной литра сладкой тягучей жижи. «Возможно, пользоваться баночкой — неплохая идея», — заключил он.

Вот так пришел конец моей баночке, но, как часто бывает, все к лучшему. После этого случая матери было достаточно сказать, что у нее в холодильнике стоит баночка с чем-нибудь вкусненьким, как у отца вдруг возникало желание сводить нас в кафетерий «Бишоп», в центре города, самый замечательный ресторан в мире.

Все здесь было божественным: еда, умеренный декор, по-матерински заботливые официантки в серой форменной одежде, подходившие с подносиком к вашему столу и охотно приносившие другую вилку, если прежняя вам не понравилась. На каждом столике стояла небольшая лампа, которую включали, если что-нибудь требовалось, поэтому не надо было вытягивать шею и махать рукой проходящим официанткам. Вы просто включали свой маячок, и через минуту подходила официантка, готовая помочь. Разве не замечательная идея?

В туалетах «Бишопа» были единственные в мире атомные унитазы, — я, по крайней мере, нигде таких не встречал. Когда вы спускали воду, сиденье автоматически поднималось и отступало в соответствующей формы углубление в стене, где омывалось фиолетовым светом, который научно, гигиенически обрабатывал и согревал его, а затем, приятно подогретое, безупречно дезинфицированное и чуть ли не пульсирующее атомной термолюминесценцией, возвращалось на место. Одному Богу ведомо, сколько жителей Айовы умерли от необъяснимых случаев рака мягкого места в 1950-х и 1960-х годах, но ради такого чуда стоило пострадать. Мы приводили в туалеты «Бишопа» иногородних гостей, чтобы показать им эти атомные унитазы, и все они сходились во мнении: это было лучшее из всего, что они когда-либо видели.

Но в таком случае в 1950-х годах в Де-Мойне большинство вещей были лучшими в своем роде. В «Тоддл хауз» («Малышкин дом») подавался самый нежный, самый вкусный банановый пирог; то же самое говорили о сладких ватрушках в «Джонни энд Кей», но отцу было наплевать на качество, зато он был чересчур бережлив и лишь изредка водил нас в этот форпост вкуснятины на Флёр-драйв. Нас угощали восхитительным, играющим всеми красками мороженым в «Ридс», роскошном прохладном кафе рядом с Эшвортским плавательным бассейном (самым внушительным, самым красивым общественным плавательным бассейном в мире, с самыми стройными, самыми загорелыми спасательницами) в Гринвудском парке (лучшие теннисные корты, самый живописный водоем, самые красивые аллеи). Когда, проезжая под сводом светло-зеленой листвы

Гринвудского парка по пути домой из бассейна, ты заранее знаешь, что скоро в «Ридсе» уткнешься лицом в вазочку с тремя такими лакомыми шариками мороженого, что может быть лучше сего предвкушения?

В кафе «Барбара Бейк» была самая вкусная выпечка, в ресторане под названием «Деревенский джентльмен» подавали самые вкусные ребрышки и аппетитно хрустящих цыплят, а в ресторане для автомобилистов «Джордж — король чилли» — самые лучшие блюда на скорую руку. (И самое долгое пуканье в придачу; чиллибургер поглощался за минуты, а пукалось, как говорили, без конца.) У нас были свои универмаги, рестораны, магазины одежды, супермаркеты, аптеки-закусочные, цветочные магазины, скобяные лавки, кинотеатры, закусочные с гамбургерами — и все это лучшее в своем роде.

Вообще-то, кто может утверждать, что они были лучшими в своем роде? Чтобы так говорить, следовало побывать в тысячах других больших и малых городах по всей стране, перепробовать все мороженое, все шоколадные торты и тому подобное, потому что тогда все места были разными. В этом и заключалось блаженство жить в мире, который в значительной степени все еще оставался свободен от глобальных оков. Каждый населенный пункт имел особые черты, и ни один не был похож на другой. Пускай коммерческие заведения у нас в Де-Мойне не считались самыми лучшими, они, по крайней мере, были нашими. И уж во всяком случае в них присутствовало что-то такое, что делало их интересными и отличало от других. (И все же они были самыми лучшими.)

«Далз», наш ближайший супермаркет, обладал одной великолепной особенностью: в нем имелась секция, которую назвали «Коралем малышей». Выгороженная площадка, имевшая вид ковбойского кораля, полная книжек-комиксов, где мамаши могли оставить своих чад, пока делали покупки. В 1950-х годах комиксы выпускались в Америке в огромных количествах — один миллиард только в 1953 году, — и большая часть их заканчивала свой путь в «Корале малышей». Он был *заполнен* комиксами. Чтобы попасть в «Кораль малышей», ты карабкался на перила и нырял вниз, потом выплывал на середину. Тебе было неважно, сколько времени мамочка будет заниматься покупками, потому что тебя захватывали бессчетные комиксы. Думаю, некоторые ребятишки являлись постоянными обитателями «Кораля малышей». Иногда, в поисках последней серии «Резинового человечка», ты натыкался на похороненного под футовым слоем комиксов спящего мальчонку. Ни одно заведение не додумалось до такой замечательной штуки. Кто бы ни изобрел «Кораль малышей», он, несомненно, заслужил место в раю; ему бы следовало присудить Нобелевскую премию.

В «Далзе» была еще одна служба, вызывавшая всеобщее восхищение. Уложив в сумку покупки и расплатившись, вы не утруждались нести их в машину, как в супермаркетах попроще, а как бы возвращали дружелюбному служителю в белом фартуке, который давал вам пластиковую карточку с номерком и ставил сумку на специальную, отлого опускающуюся ленту конвейера, уносившего покупку в недра земли, в таинственный темный туннель. Потом вы на машине подъезжали к небольшому кирпичному зданию в конце стоянки, в сотне футов от вас, и ваши покупки, хорошо утрясшиеся и явно посвежевшие после подземного приключения, через минуту-другую появлялись на поверхности. Другой дружелюбный служитель в белом фартуке брал номерок и ставил сумку в машину. Это была не особенно успешно работающая система — по правде говоря, у кирпичного домика часто выстраивалась очередь, а тряская поездка под землей ничего не давала, разве что опасно встряхивала все газированные напитки, бурлившие потом по крайней мере пару часов, — но всем очень нравилось, во всяком случае так говорили.

Так было, куда бы вы в те дни ни отправились в Де-Мойне. Каждое торговое заведение могло похвастать чем-нибудь отличным от других. В универмаге «Нью Утика», в центре города, от всех кассовых мест отходили трубы пневматической почты. Деньги за каждую покупку помещались в цилиндр, затем вставлялись в трубу и с шумом выстреливались, как торпеда, в центральный сборный пункт — такой неотложной была необходимость сосчитать деньги и вернуть их в экономику. Посещение «Нью Утики» походило на путешествие в будущий век.

В магазине мужской одежды «Фрэнкель» на Локаст-стрит, тоже в центре, располагалась довольно импозантная лесенка, ведущая на антресоль. Прогуляться по антресоли было все равно что пройтись по палубе корабля, но куда интереснее, потому что вместо пустой воды ты разглядывал внизу живой мир занятых покупками мужчин. Можно было слушать разговоры и лицезреть макушки людей — словом, шпионить, не подвергаясь ни малейшему риску. Так что, если отец слишком долго примерял костюм или демонстрировал персоналу чудеса статических упражнений, это не имело значения.

«Неважно, — великодушно кричал ты с высоты своего положения, — я пройдусь еще кружок».

Еще больше удовольствия можно было получить в торговом доме на Уоллнат-стрит. В вестибюле на первом этаже построенного в отдаленно напоминавшем мавританский стиль красивого семи- или восьмиэтажного делового здания размещалось пользующееся популярностью кафе, а далее вплоть до потолка высился центральный атриум, вокруг которого вилась лестница с площадками. Мечтой каждого мальчишки было взобраться по этой лестнице до верхнего этажа.

Чтобы попасть на лестницу, требовались хитрость и своевременный бросок, потому что надо было проскочить мимо управительницы кафе, злющей тетки с орлиными глазами, миссис Масгроув, ненавидевшей мальчишек (и, как увидим, не без оснований). Но если выбрать подходящий момент, когда она отвлекалась, можно было броситься к лестнице и помчаться вверх к темной жуткой вышине верхнего этажа и оттуда, как сквозь пушечное жерло, разглядывать сидевших за столиками посетителей. А если к тому же у тебя была с собой какая-нибудь твердая конфетка — особенно ценились из-за гладкой аэродинамической формы арахисовые драже, — то ты получал возможность наблюдать свободное падение с высоты седьмого-восьмого этажа. Арахисовая конфетка, плюхающаяся в тарелку с томатным супом, зрелище, скажу вам, потрясающее.

Никогда не получалось больше одного броска, потому что, если бомба не попадала в цель и ударялась о стол, как почти всегда и бывало, — она эффектно разрывалась на тысячу кусочков глазури, чудесным образом пугая обедающих, но одновременно являясь призывом к боевым действиям для миссис Масгроув, которая взлетала по лестнице почти со скоростью падения конфет, оставляя тебе меньше пяти секунд, чтобы выбраться в окно и по пожарной лестнице вырваться на свободу.

Самым большим торговым заведением Де-Мойна был «Йонкерс бразерс», главный универсальный магазин в центре города. «Йонкерс» занимал два здания, на уровне первого этажа разделенных обычным переулком, превращавшим его в единственный универмаг, какой я когда-либо встречал, возможно, единственный в своем роде, где, переходя из секции мужской одежды в секцию косметики, вы легко могли попасть под машину. На другой стороне улицы у «Йонкерса» расположилось дополнительное сооружение, известное как «Магазин для дома» с мебельным отделом. Туда вел подземный переход под Восьмой улицей через секцию белья. Не знаю почему, но было огромным удовольствием войти в «Йонкерс» с восточной стороны Восьмой, а спустя некоторое время, завершив покупки, выйти на западную сторону. Приезжие специально добирались сюда, чтобы пройтись по пассажу на другую сторону улицы и сказать: «Ну и ну! Приехали, черт возьми!»

«Йонкерс» был самым изысканным, самым современным магазином в Айове, с расторопным и вежливым персоналом. Там работали тысяча двести человек. Именно здесь появились впервые в штате эскалаторы — «электрические лестницы», как их называли поначалу, — и первые кондиционеры. Все тут — быстро и бесшумно вращающиеся двери, тихо шуршащие лифты с лифтером в белых перчатках, — казалось, задумали, чтобы завлечь тебя внутрь и дать возможность с удовольствием потратить деньги. «Йонкерс» был столь огромен, что трудно было встретить человека, знавшего его по-настоящему. Книжная секция обитала на укрытой от глаз затененной антресоли, туда вели железные, тюремного вида ступени, придающие ей уютный клубный вид. Это была выдающаяся в своем роде книжная секция, но находились люди, которые в 1950-х выросли в Де-Мойне и не имели ни малейшего представления, что в «Йонкерсе» вообще существовала книжная секция.

Но святая святых — Чайная комната, место, куда, бывая в универмаге, водили своих обожаемых дочек мамаши, дабы те понемножку привыкали бывать в свете. Меня в Чайной комнате ничто не прельщало, пока я не узнал об одной традиции, мимоходом упомянутой сестрой. Оказывается, юных посетителей приглашали к деревянному ящику с небольшими сувенирами, красиво обернутыми белой бумагой и перевязанными ленточками. Разрешалось выбрать один из них на память. Однажды сестра отдала мне один из таких подарков, который ей не особенно нравился, — отлитую из металла карету с лошадьми, длиной всего в два с половиной дюйма*, но с тончайшими деталями. Дверцы открывались. Колеса вращались. Крошечный кучер держал тонкие металлические вожжи. Вся игрушка была раскрашена от руки каким-то увлеченным малооплачиваемым обитателем потерпевшего поражение уголка Тихого океана. Я никогда раньше не видал такой славной вещицы.

После этого я много лет время от времени упрашивал взять меня с собой, если сестра пойдет в Чайную комнату, но она всегда уклончиво отвечала, что Чайная комната ей больше не нравится, что остается еще много чего купить. (Лишь несколько лет спустя я обнаружил, что на самом деле сестра бывала там каждую неделю, и это был один из тех женских секретов вроде месячных или примерки лифчиков.) Но наконец настал день, когда мне исполнилось восемь лет и мы с мамой делали покупки в центре города, а сестры с нами не было. И мать спросила: «Не зайти ли нам в Чайную комнату?»

Не думаю, что когда-нибудь еще я с такой же готовностью принимал приглашения. Мы поднялись в лифте на этаж, о существовании которого я даже не догадывался. Чайная комната была самым шикарным местом, где я когда-либо бывал, — вроде государственных покоев Букингемского дворца, волшебным образом перенесенных на американский Средний Запад. Все церемонно, стильно и невозмутимо спокойно. Изысканная легкая музыка, звяканье ножей и вилок о фарфор, плеск аккуратно наливаемой воды со льдом. Разумеется, еда меня

* 1 дюйм = 2,54 сантиметра (*примеч. ред.*).

совсем не трогала. Я только ждал момента, когда меня пригласят к ящику с игрушками.

Когда момент наступил, решение заняло целую вечность. Все маленькие сверточки были такими красивыми, беленькими, им так хотелось тебя порадовать. В конце концов я выбрал сверточек среднего размера и веса, который осмелился слегка встряхнуть. Внутри что-то тихо звякнуло. Вернулся на место и осторожно развернул. Оказалось, миниатюрная куколка — индианка с младенцем в заплечной сумке, прекрасно исполненная, но явно для девочки. Я вернулся с испорченной упаковкой к стоявшему у ящика туповатому на вид малому.

— Кажется, мне досталась *кукла,* — сказал я, изображая, как мне представлялось, ироническую усмешку.

Тот внимательно осмотрел куклу.

— Действительно, жаль, потому что из ящика можно взять только один сувенир.

— Да, но это же *кукла,* — сказал я, — для девчонок.

— В таком случае остается подарить ее одной из девочек, с кем дружишь, верно? — ответил он, улыбаясь во весь рот, и сожалеюще подмигнул.

Печально, но это были его последние слова. Спустя мгновение от продавца осталось только тлеющее пятно на ковре.

Слишком поздно он усвоил важный урок: с Малышом по прозвищу Молния никогда не следует валять дурака.

Глава 2

ПРОДЕЛКИ ЮНОГО ПРОХВОСТА

Детройт, Мичиган (Ассошиэйтед Пресс). — Потрясающая новость для ребят! Известный врач отстоял право мальчишек ходить грязными. Доктор Харви Флэк, директор журнала «Фэмили доктор» («Семейный врач»), в сентябрьском номере пишет: «Мальчишки, похоже, инстинктивно знают глубокую истину дерматологии — важным элементом здоровья кожи служит вырабатываемый самой кожей защитный слой жира. Его не следует слишком часто смывать».

«Де-Мойн реджистер»,
28 августа 1958 года

Так что эта книга не так уж о многом: о том, как я был маленьким и медленно подрастал. Один из величайших мифов жизни — детство проходит быстро. На самом деле из-за того, что в Ребячьем мире время течет медленнее — в пять раз медленнее в классе в жаркий день, в восемь раз медленнее при поездке на машине более пяти миль (возрастая до восьмидесяти шести раз, если ехать через весь штат Небраска), и до того медленно в последнюю неделю накануне дня рождения, Рождества или летних каникул, что не измерить никакими средствами, — оно вытягивается в десятилетия, если подходить с мерками взрослых. А вот взрослая жизнь пролетает в одно мгновение.

Самым медленным местом в моем уголке юношеской вселенной было большое стоматологическое кресло доктора Д.К. Брюстера, в котором сидишь в ожидании, пока он соберет инструменты и приступит к делу. Там время не двигалось. Оно просто висело.

Во всей Америке не существовало другого дантиста, который бы так ужасно действовал на нервы. Начать с того, что ему было около ста восьми лет, к тому же руки у него тряслись от паркинсонизма. В нем не было ничего, что внушало бы уверенность. Он вечно удивлялся мощности собственного оборудования. «Стой! — бывало, говорил он, чересчур быстро включая какое-нибудь визжащее приспособление. — Держу пари, так можно здорово навредить».

Что еще хуже, он не верил в новокаин. Считал его опасным и непроверенным. Когда доктор, беззаботно мурлыча себе под нос, сверлил твердый коренной зуб и натыкался на мякоть с нежным нервом внутри, ваши пальцы ног готовы были вырваться из ботинок.

Похоже, мы были его единственными пациентами. Я удивлялся, почему отец регулярно подвергал нас этому кошмару, а потом услышал однажды, как доктор Брюстер хвалил его за требующую мужества бережливость, и сразу понял, ибо мой отец был самым прижимистым скрягой XX века.

— Нет никакого смысла подвергать себя опасности и входить в расходы на новокаин ради чего-либо менее важного, чем полное или частичное удаление челюсти, — говорил доктор Брюстер.

— Совершенно верно, — соглашался отец. Правда, прозвучало нечто вроде «Сврщнффмммфффмм», поскольку он встал с кресла доктора Брюстера и не мог внятно говорить по крайней мере еще три дня, но при этом с уважением кивал в знак согласия.

— Хотелось бы, чтобы больше людей разделяло ваши чувства, мистер Брайсон, — добавлял доктор Брюстер. — С вас три доллара, будьте любезны.

Самыми длинными днями в Ребячьем мире были субботы и воскресенья. Одни воскресные утра могли продолжаться до трех месяцев, в зависимости от времени года. В центральной части Айовы большую часть 1950-х годов в воскресенье по утрам вообще не было телевещания, так что обычно ты просто сидел с миской недоваренной каши, глядя на испытательную таблицу, пока где-то между 11.25 и полуднем не оживала программа — по воскресеньям они не очень строго соблюдали время, — начиная с очередной серии «Скай кинг» («Властелин неба») и одетым с иголочки Кирби Грантом, «любимым летающим ковбоем Америки» (а также единственным летающим ковбоем) в главной роли. По роду занятий Скай — владелец ранчо, но большую часть времени он проводил, летая в небе Аризоны на любимой «Цессне», названной «Певчая птица», выслеживая скотокрадов и других топчущих землю злодеев. В этом ему помогала толстопопая, с ямочками на щеках племянница Пенни, которая внушила многим из нас первый слабый намек, что мы уже на пути к здоровому гетеросексуализму.

Даже в шесть лет и даже в такое интеллектуально непритязательное время, как 1950-е годы, не требовалось большого ума, чтобы понять: летающий ковбой был довольно слабым предшественником сюжетного сериала. Скай мог поймать только тех негодяев, которые болтались на краю взлетно-посадочной полосы и которым не приходило на ум убежать, пока Скай не совершит посадку, отрулит на надежную стоянку, выберется из кабины, примет повелительную позу и крикнет: «О'кей, ребята, ни с места!» — процесс, который занимал минуту-другую, так как, надо сказать, Кирби Грант был не первой молодости. В результате сериал всего через год отменили, так что вышло всего лишь около двух десятков серий, все практически одинаковые. Эти серии канал беспрестанно (и, можно предположить, в целях экономии) повторял первые двенадцать лет моей жизни, а возможно, и значительно дольше. В их пользу, пожалуй, можно лишь сказать, что они все же развлекательнее таблицы умножения.

Бесконечность уик-эндов была благом и необходимостью еще потому, что к этим дням всегда накапливалась уйма дел. Целое утро могло уйти только на то, чтобы выровнять шнурки на кедах, поскольку в 1950-х годах во всех кедах было больше семи дюжин дырочек, а шнурки составляли в длину четырнадцать футов. Каждое утро, вскакивая с постели, ты обнаруживал, что шнурок на одной стороне почему-то на четыре фута длиннее, чем на другой. Каким образом оставленным на ночь кедам это удавалось — вопрос, не находивший ответа. Это одна из тех вещей, вроде монахинь или плохой погоды, которые время от времени подбрасывала тебе жизнь. Однако, чтобы их подровнять, требовалось бесконечное терпение и уйма научных умозаключений, и сколько бы ты ни перегонял шнурки по дырочкам, концы всегда получались разной длины. Вообще-то чем старательнее ты гонял шнурки по дырочкам, тем более неодинаковыми получались концы. Когда каким-то чудом наконец удавалось подровнять один, лопался второй шнурок, и ты, вздохнув, начинал все сначала.

Кроме того, изготовители кедов глубокомысленно испещряли подошвы бесчисленными трещинами, кружочками, уголками, загогулинами, сосочками и другими резиновыми иероглифами, так что, если ты наступал на сырую кучку собачьего дерьма, это добавляло еще несколько увлекательных часов, когда ты, чуть не блюя от вони, но, на удивление, удовлетворенно выковыривал его палочкой.

Еще несколько часов в выходные надо было посвятить выдиранию репьев из носков, выковыриванию пробки из металлических бутылочных крышек, отдиранию примерзшей обертки с фруктового мороженого, разламыванию печенья «Орео», так, чтобы не сломать шоколадную половинку круга и не повредить начинку, и аккуратному отклеиванию этикеток с банок и бутылок — неизвестно зачем.

В том мире, как ни странно, приветствовались ушибы, порезы и другие телесные повреждения. Если получал занозу, то можно было провести полдня, привлекая небольшой круг увлеченных зрителей, наблюдающих, как далеко ты мог загнать под кожу иголку, — настолько это походило на настоящую хирургию. Если обгорал на солнце, то предвкушал момент, когда будет можно отодрать кусок полупрозрачной кожи размером чуть ли не во все тело. Бородавки в Ребячьем мире выращивались почти так же, как взрослые выращивают хризантемы. У меня имелись бородавки на колене, которые я берег почти четыре года, они были толщиной в дюйм и три четверти. В них можно было загнать иголки, и я бы не почувствовал боли. Надо ли говорить, какое восхищение вызывали кровотечения из носу, и всякий, пока у него шла носом кровь, становился знаменитостью.

Дни тянулись так долго, а происходило так мало, что ты был готов подолгу просто сидеть и смотреть по сторонам на случай, если вдруг произойдет что-нибудь занимательное. Долгое время, как только отец говорил, что идет на лесной склад, я бросал все, отправлялся с ним и тихо сидел на скамейке в деревообрабатывающей мастерской в надежде, что Моу, который на большой циркулярной пиле отрезал по заказу нужные куски дерева, отхватит себе один из пальцев. Он уже потерял большую часть шести или семи пальцев, так что вероятность очередного интересного случая представлялась высокой.

Городской транспорт в Де-Мойне в то время был электрическим и получал ток со сложного лабиринта проводов посредством металлических контактов. Когда по проводам бежал ток они, особенно в сырую погоду, искрили, как фейерверк на мексиканской фиесте, наглядно демонстрируя смертоносную мощь электричества. Время от времени штанга соскакивала, и водителю приходилось выходить наружу и длинным шестом ставить ее на место — событие, которое я наблюдал с острейшим интересом, так как сестра уверяла меня: есть все основания ожидать, что водителя убьет током.

Много времени также уходило на поиски ответов на вопросы: а что будет? Что будет, если зажать между пальцами головку спички, когда она еще горячая? Или приготовить отвратительное пойло и попробовать отхлебнуть? Или направить солнечный луч через увеличительное стекло на кончик своего «петушка»? (А было то, что у «петушка» поразительно быстро прожгло глубокую дырку, и это стоило больших хлопот и «петушку», и персоналу Лютеранской больницы штата Айова.)

Благодаря таким исследованиям и обилию времени для них, за первые десять лет своей жизни я, по-моему, узнал больше, чем за все остальное время. Для начала я узнал о нашем доме все, что только можно. Узнал, что было написано снизу на крышках столов и какой вид открывался с верха книжных и платяных шкафов. Узнал, что можно найти в любом чулане, под чьими кроватями больше всего комьев пыли, на каких потолках самые интересные пятна и где точно повторяются узоры на обоях. Узнал, как пройти по каждой комнате в доме, не касаясь пола; где отец держал лишнюю мелочь и сколько можно взять без риска, что он заметит (седьмую часть 25-центовиков, пятую часть пяти- и десятицентовиков и сколько угодно центов). Узнал более ста поз, в каких можно отдохнуть в кресле, и еще более семидесяти пяти на полу. Узнал, как выглядит мир, если смотреть через кусок желейного концентрата «Джелло». Узнал, каковы на вкус разные вещи: сырая тряпка для посуды, наконечники карандашей, монеты и пуговицы, почти все сделанное из пластмассы не больше, скажем, радиобудильника и, разумеется, любая слизистая дрянь — пожалуй, теперь кое-что подзабыл. Узнал и мог сразу показать любое из имевшихся в доме изображений голых женщин, от репродукций Рубенсовых полотен с упитанной натурой в альбоме «Шедевры мировой живописи» и карикатуры Питера Арно в последнем номере «Нью-Йоркера» до отцовской маленькой личной библиотечки журналов «только для мужчин», спрятанной в спальне, в месте, известном только ему, мне и ста одиннадцати моим ближайшим друзьям.

Я узнал, как проникнуть из любого земельного участка в другой в нашей округе, какими бы высокими ни были разделяющие их заборы или какими бы непроходимыми ни были живые изгороди. Узнал, как ощущается голой кожей линолеум и как что пахнет на уровне пола. Узнал, какой бывает боль, когда из любопытства берешь в рот что-то свежеприготовленное, например, боль от горячего зефира у тебя во рту, когда его температура приближается к температуре вулканической магмы. Узнал, как именно плывут облака июльским днем, каким на вкус бывает дождь, как охорашиваются божьи коровки и передвигаются гусеницы, что чувствуешь, сидя внутри куста. Узнал, какое удовольствие хорошенько пукнуть, самому или кому другому.

Этим кем-то другим почти всегда был Бадди Доберман, который жил через дорогу, в глухом проулке позади наших домов. Первую часть жизни Бадди был моим лучшим другом. Бадди — единственный человек, чью задницу я разглядывал так подробно (да и вообще видел), просто чтобы знать, как она выглядит (как вспоминаю с довольно досадной отчетливостью, красноватая, плотная и самую малость сморщенная). Он был веселым добродушным малым, обладал множеством замечательных игрушек: родители его жили небедно и не скупились.

К тому же его легко было одурачить. Когда нам исполнилось четыре года, его дедушка подарил нам пару деревянных пиратских мечей, которые изготовил в своей мастерской. Мы тут же направились к предмету гордости миссис Ван Пелт — цветочному бордюру, протянувшемуся почти на тридцать ярдов вдоль переулка. В результате бешеного налета мы за считаные секунды обезглавили и повергли в прах все ее любимые цинии. Потом, осознав чудовищность содеянного — миссис Ван Пелт выставляла эти цветы на ярмарке штата, она разговаривала с ними, они были ей вместо детей, — я поведал Бадди, что для меня попасть в неприятности — неподходящее время, ведь отец смертельно болен, о чем пока никто не знает. Может быть, в таком случае он возьмет все на себя? И он согласился. Так что, когда в три часа дня его закрыли в комнате и остаток дня он провел, глядя в окно с заплаканным лицом, я сидел на веранде, положив ноги на перила, поглощал арбуз и слушал модные пластинки на портативном патефоне сестры. Я извлек из ситуации важный урок: ложь — это выбор, который стоит попробовать. Следующие шесть лет я сваливал на Бадди все плохое, что случалось со мной. По-моему, в итоге он пострадал и за дырку, прожженную в моем «петушке», хотя никогда не был с ним знаком.

Тогда, как и теперь, Де-Мойн был безопасным для жизни, цветущим городом, насчитывавшим двести тысяч жителей. Улицы длинные, прямые, зеленые и чистые, носившие солидные среднеамериканские названия: Лесная, Университетская, Приятная, Большая. (Существовала местная шутка, пересказывавшаяся множество раз, о женщине, с которой заигрывали на Большой, а она думала, на Приятной.) Город славный, удобный. Большинство деловых заведений располагались близко к проезжей части, и обычно перед ними вместо автостоянок были разбиты газоны. Общественные здания — почты, школы, больницы — непременно величественные, внушительные. Бензозаправки часто выглядели как небольшие коттеджи. Придорожные рестораны-закусочные напоминали домики, которые вы встречали, выезжая на рыбалку. Ничего особенно полезного для автомобилей. Это был более зеленый, более тихий, менее навязчивый мир.

Главной артерией, проходившей через весь город, являлась Гранд-авеню, соединявшая центр, где все работали и куда ездили за крупными покупками, с расположенными дальше жилыми районами. Лучшие дома находились к югу от Гранд, на западной стороне города, в холмистом, покрытом великолепным лесом районе, протянувшемся вдоль Уотеруоркс-парка и реки Раккун. Можно было часами бродить по извилистым дорожкам, не встречая ничего, кроме ласкающих глаз великолепных лужаек, старых деревьев, свежепомытых автомашин и чудесных веселых домишек. Мили и мили американской мечты. Это был мой район, известный как «К югу от Гранд».

Самой большой разницей между «тогда» и «теперь» являлось количество ребятни. В середине 1950-х годов в Америке насчитывалось тридцать два миллиона детей моложе двенадцати лет, и каждый год на сменные матрасики шлепались четыре миллиона свежих младенцев. Так что ребятня была всюду и всегда, в количествах, ныне невообразимых, но особенно когда происходило что-нибудь интересное или необычное. Каждое лето в начале комариного сезона в открытом джипе являлся служащий муниципалитета и бешено гонял по всей округе — лужайкам, рощицам, вдоль дренажных канав, пустующим земельным участкам, — распыляя густые красочные облака инсектицидов, в которых большую часть дня весело носились по крайней мере одиннадцать тысяч детишек. Это была ужасная дрянь — гадкая на вкус, легкие изнутри обрастали известкой, а оранжевая пыль ничем не отскребалась. Впоследствии много лет, кашляя в белый носовой платок, ты оставлял на нем пятнышки цветного порошка.

И никто не думал остановить нас или объяснить, что резвиться в удушливом облаке инсектицида неразумно. Возможно, считалось, что щедрая обработка ДДТ пойдет нам на пользу. Такое было время. А может быть, мы просто считались не представлявшими большой ценности, потому что нас было так много*.

Другим отличием тех дней было то, что дети постоянно находились на улице, — я знал ребят, которых выпроваживали за дверь в восемь утра и не пускали домой до пяти, если только они не горели в огне или истекали кровью, — и они всегда искали, чем бы заняться. Если ты стоял на углу с велосипедом — на любом углу больше сотни ребят, многих из которых ты в жизни не видал, подходили и спрашивали, куда ты собираешься ехать.

— Может, к Трестлу, — говорил ты, раздумывая.

Трестл — это железнодорожный мост через реку Раккун, с которого можно было нырять, если тебя не смущало плескаться в окружении дохлой рыбы, старых автопокрышек, бочек из-под горючего, слизистых водорослей, промышленных стоков и чего-то липкого неизвестного происхождения. Одна из десяти признанных достопримечательностей в нашей округе. Другими

* Всего между 1946 и 1964 годами матери послевоенной Америки родили 76,4 миллиона детей. Потом, очевидно, их несчастные перетруженные чрева поиссякли (*примеч. автора*).

были роща, парк Малой лиги (или «стадион»), пруд, река, железнодорожные пути (обычно просто «пути»), пустырь, Гринвуд (наша школа) и новый дом. Новым домом был любой строящийся дом, так что они регулярно менялись.

— Можно с тобой? — спрашивали они.

— Ага, — отвечал ты, если они были с тебя, или: — Если считаешь, что не отстанешь, — тем, кто поменьше.

И когда добирались до Трестла, или пустыря, или пруда, там уже могло набраться человек шестьсот. Везде постоянно собиралось до шестисот ребят, если по соседству не было двух или больше жилых массивов, например в парке, где собиралось до тысячи детей. Однажды на пруду Гринвуд-парка я участвовал в хоккейном матче, в который было вовлечено четыре тысячи ребятишек. Все отчаянно орудовали клюшками, и так продолжалось по крайней мере три четверти часа, пока кто-то не обнаружил, что нет шайбы.

Жизнь в Ребячьем мире повсюду была неконтролируемой, нерегулируемой и основана на грубоватой — порой безрассудной — физической силе, и, несмотря на это, он казался удивительно мирным местом. Драки никогда не заходили слишком далеко, что необычно, если учесть, насколько неуправляем детский характер. Однажды, когда мне было около шести, я видел, как мальчик бросил камень в другого мальчика со значительного расстояния, камень отскочил от головы жертвы (довольно здорово, должен сказать), разбив голову до крови. Об этом говорили много лет, даже ребятишки из соседнего округа. Мальчика, бросившего камень, направили на десять тысяч часов лечения.

Мы, как правило, не решали свои проблемы силой, разве что случайно, непреднамеренно. Хотя иногда (а вообще-то частенько) тыкали пальцем в бок мальчишку, которого звали Мильтон Мильтон. За такие глупые имя с фамилией, а также за то, что он всю жизнь изображал из себя машину. Я так и не понял, чем он был, — то ли поездом, то ли роботом, то ли чем еще, но он постоянно двигал руками, как поршнями, и пыхтел, поэтому, естественно, мы тыкали его в бок. Приходилось. Он родился для этого.

Что касается случайных кровопролитий, могу скромно похвастать: одним тихим сентябрьским днем, когда мне шел десятый год, я внес свою лепту в летопись надолго запоминающихся событий подобного рода. Мы играли в футбол на задворках дома Лео Коллингвуда. Как всегда, в игре участвовало около ста пятидесяти ребятишек, поэтому обычно, когда тебя сбивали с ног, ты падал на мягкую рыхлую кучу тел. Если уж очень везло, я падал на Мэри О'Лири и несколько минут отдыхал на ней, ожидая, когда другие встанут на ноги. От нее пахло ванилью — ванилью и свежей травой, — она была мягкая, чистая и мучительно прелестная. Восхитительный момент! Но в тот раз я упал мимо кучи тел и ударился головой о каменную подпорную стену. Помню, почувствовал резкую боль в затылке.

Когда встал, то увидел, что все глядят на меня с одинаково восхищенным выражением и расступаются передо мной. Лонни Бранкович поднял глаза и тут же упал в обморок. Его брат чистосердечно изрек: «Ты умрешь». Я, естественно, не мог видеть, что так привлекло их внимание, но из услышанного позже могу судить: это было похоже на то, будто мне в затылок воткнули установку, поливающую газоны, которая довольно весело разбрызгивала во все стороны кровь. Я пощупал затылок — очень мокрый. Такое впечатление, будто грузовик врезался в пожарный кран или в Оклахоме ударил фонтан нефти.

— По-моему, надо сходить домой, пускай посмотрят, — хладнокровно заметил я и пятидесятифутовыми скачками умчался прочь.

В три шага домчался до дома и ворвался в дверь, щедро орошая кровью кухню. Отец стоял у окна с чашкой кофе, мечтательно разглядывая миссис Буковски, молодую домохозяйку, которая первой в Айове обзавелась бикини и щеголяла в нем, развешивая выстиранное белье. Увидев мою фонтанирующую голову, отец мгновение с бессмысленным видом приходил в себя, потом ударился в панику и беспорядочно заметался одновременно в шести направлениях, испуганно крича матери, чтобы та немедленно спустилась и принесла как можно больше полотенец — «старых!» — потому что Билли истекает на кухне кровью.

Все последующее происходило как в тумане. Помню, отец усадил меня, прижав голову к кухонному столу и пытаясь остановить кровотечение. Одновременно он звонил доктору Альцгеймеру, нашему семейному врачу. Тем временем мать, как всегда невозмутимо, методично искала старые тряпки и куски материи, которыми можно было пожертвовать (или которые уже были красными), и выслушивала прибегавших один за другим к задней двери ребятишек с обломками костей и кусочками серой массы, которые они с большой осторожностью собирали с камня, думая, что это могли быть куски моего мозга.

С прижатой к столу головой я, разумеется, многого не мог видеть, но ловил мелькающие на тостере отражения, а отец, казалось, по локоть шуровал в моей черепной коробке. Одновременно он перебрасывался с доктором Альцгеймером фразами, не сулящими ничего хорошего.

— Черт возьми, док, — говорил он. — Вы *не поверите,* сколько крови. Мы *купаемся* в ней.

С другого конца доносилась благодушная речь доктора Альцгеймера, которая могла лишить рассудка.

— Ну, полагаю, я *мог бы* подъехать, — говорил он. — Только вот я смотрю *потрясающее* состязание по гольфу. У Бена Хогана блестящий раунд. Не удивительно ли для его возраста? Да, так удалось остановить кровотечение?

— Вот, стараюсь изо всех сил.

— Хорошо, хорошо. Отлично, просто отлично. Вероятно, потому, что он уже потерял порядком крови. Скажите, малыш все еще дышит?

— По-моему, да, — ответил отец.

Я с готовностью кивнул.

— Да, он все еще дышит, док.

— Это хорошо, очень хорошо. О'кей, вот что я вам скажу. Дайте ему две таблетки аспирина и время от времени встряхивайте его, чтобы он не впадал в забытье, — ни в коем случае не дайте ему потерять сознание, слышите, потому что можете потерять беднягу... Я буду у вас после состязания. Ой, глядите, он прямо с зеленки попал в «бурьян».

Трубка, стукнув, легла на рычаг, и послышался гудок разъединения.

Я, к счастью, не умер, и четыре часа спустя меня можно было видеть сидящим в постели с обмотанной, словно тюрбаном, головой, после хорошего — часика на три сна, — когда родители забыли о том, что мне следовало бодрствовать, и поглощающим трубочки шоколадного мороженого, по-царски принимая посетителей из округи и отдавая предпочтение тем, кто приходил с подарками. Доктор Альцгеймер приехал позднее, чем обещал, от него попахивало виски. Большую часть визита он просидел на краешке моей кровати, расспрашивая, достаточно ли я большой, чтобы помнить Бобби Джонса. Так и не осмотрел мою голову. А ведь гонорар доктору Альцгеймеру, полагаю, уплатили весьма приличный.

Кроме врачей, Айова была небогата природными опасностями, хотя однажды, когда мне было около шести, наблюдалось нашествие каких-то гигантских насекомых, которых называли цикадами-убийцами. Цикад-убийц не надо путать с обычными цикадами, которые сами по себе ужасные существа. Эти, насколько я помню, походили на небольшие летающие сигары с выпученными глазами и страшными клешнями. Они появлялись из земли каждые семнадцать лет, так что никто, даже взрослые, многого о них не знал. Часто спорили о том, что означало определение «убийца» в их названии: что они являлись убийцами цикад или сами были цикадами, которые убивали. Общее мнение склонялось к последнему.

Цикады-убийцы были величиной с колибри, спереди и сзади имели страшные жала и выглядели просто ужасно. Они прятались в норах и, если вы тревожили их гнездо, внезапно вылетали с ужасным жужжанием, словно запускали цепную пилу. Страшнее всего, если они попадут в штанину шортов и, запутавшись в трусах, станут биться, стараясь вырваться наружу. При укусе цикады-убийцы в область мошонки, — а они редко кусали в другое место, — обычной неотложной помощью была кастрация. Ты их в общем-то никогда не видел, потому что, как только цикада, жужжа, вылетала из норы, ты сломя голову мчался прочь, благоразумно прижимая к ногам штанины.

Самой страшной и постоянной угрозой был ядовитый сумах. Я не знал никого, ни взрослых, ни детей, кто бы в действительности знал, как он выглядит и как именно от него помрешь. По существу, об этом кусте ходила только молва. Но все же, находясь в лесу, можно было всегда поднять руку и серьезно объявить: «Дальше лучше не ходить. По-моему, впереди растет сумах».

— *Ядовитый* сумах? — испуганно переспросит один из попутчиков помоложе.

— Всякий сумах ядовит, Джимми, — заметит кто-нибудь и положит руку на его плечо.

— В самом деле такой вредный? — спросит Джимми.

— Скажем так, — серьезно начнешь ты. — Приятель моего брата, Микки Кокс, знал одного малого, который однажды попал в густой кустарник сумаха. Врачам пришлось ампутировать почти все тело. Осталась только голова на блюде. Его носили в шляпной коробке.

— Здорово! — воскликнет кто-нибудь, только не Артур Берген, противно башковитый и знающий о всех вещах на свете, которых не может быть, а это всегда относилось ко всем поразительным вещам, о которых доводилось слышать.

— Голова не может жить сама по себе в коробке, — говорил он.

— Ну, ее время от времени доставали. Давали подышать воздухом, посмотреть телевизор и всякое такое.

— Нет, я имею в виду, что она не могла бы жить сама по себе, без тела.

— Ну а вот эта жила.

— Невозможно. Как можно доставлять голове кислород без сердца?

— Откуда мне знать? Что я, доктор Килдер? Знаю только, что это правда.

— Не может быть, Брайсон. Ты ослышался... или придумываешь.

— Нет, не придумываю.

— Должно быть.

— Знаешь, Артур, клянусь Богом, что правда.

Все ошеломленно молчали.

— Знаешь, если ты говоришь неправду, то попадешь в ад, — заметит Джимми, хотя этого и не требовалось. Все ребята и так знали об этом, с рождения.

Божиться было последней чертой. Если ты божился и оказывалось, что ты ошибся, даже нечаянно, даже чуть-чуть, тебе все равно предстояло попасть в ад. Таков был закон, и Бог не изменял этот закон ни для кого. Так что в тот момент, когда ты божился, тебе становилось не по себе: а вдруг сказанное тобой не совсем точно?

— Ну, это мой брат рассказывал, — говорил ты, стараясь смягчить предвечную ответственность.

— Теперь уже ничего не изменишь, — отмечал Берген, который не случайно, когда вырастет, станет адвокатом, специализирующимся на исках в связи с физическими травмами. — Что сказано, то сказано.

Ты и сам прекрасно это понимал. Оставалось лишь одно — ткнуть под ребро Мильтона Мильтона.

Чуть менее грозными, чем ядовитый сумах, были сочные красные ягоды, которые росли почти на каждом заднем дворике. Они тоже не имели определенного названия — говорили: «те самые красные ягоды» или «тот куст с красными ягодами», — но все сходились на том, что они ядовитые. Если ты потрогал или подержал ягоду в руках, а потом съел печенье или сэндвич и после этого вспомнил, что не помыл руки, часок-другой проходил в ожидании смерти.

Мамы тоже беспокоились насчет этих ягод, постоянно кричали из кухонных окон, чтобы их не ели; в этом, в сущности, не было необходимости, потому что дети 1950-х годов не ели ничего дикорастущего, фактически не ели ничего, что не было покрыто сахаром, одобрено знаменитым спортсменом или телезвездой или доставалось в виде бесплатного приза. С таким же успехом они могли призывать нас не есть дохлых кошек. Мы и без того не собирались.

Самое интересное, ягоды были совсем не ядовиты. Я могу утверждать это с долей уверенности, потому что мы заставили «Лампи — полны штаны», младшего братишку Лэнни Ковальского, съесть фунта четыре, чтобы посмотреть, умрет ли он. Ягоды не подействовали. Спешу добавить, эксперимент был контрольный. Мы давали ему по одной ягодке и ждали порядочный промежуток времени, когда он станет закатывать глаза или что-нибудь еще, прежде чем дать ему другую. Но кроме того, что его вырвало на полпути, других неприятностей не было.

Единственной настоящей угрозой жизни были мальчишки Баттеры. Семья Баттеров состояла из неопределенного множества рослых, рожденных от родителей, состоящих в кровном родстве личностей, которые периодически проживали в скоплении хибарок в лесной глуши на краю болотистой поймы реки Раккун. Почти каждую весну места эти затоплялись, и Баттеры всем скопом возвращались в Арканзас, или Алабаму, или куда там еще, откуда они прибыли.

Между отъездами они угрожали нам. Они отличались тем, что издевались над ребятами поменьше, то есть над всеми. Баттеры и так были рослые, а из-за того, что из года в год оставались на второй год, становились все больше и больше своих одноклассников. К шестому классу некоторые из них не пролезали в дверь. К тому же они были некрасивыми и тупыми. Ели белок.

Обычно наилучшим выходом было отдать в жертву кого-нибудь из малышей. Идеально подходил для этого

Лампи Ковальский, равнодушный к боли и страху и никогда не доносивший, потому что не мог или, возможно, просто не хотел говорить. (Это так и осталось неясным.) Кроме того, Баттеры наверняка воротили нос от его вонючих штанов, так что, немножко поиздевавшись и смущенно сморщив рожи, удалялись.

Хуже всего, если тебя поймают двое или больше Баттеров. Однажды, когда мне было лет десять, меня поймал Бадди Баттер, который учился в одном классе со мной, но был старше по крайней мере лет на семь. Он поволок меня под большую сосну, прижал спиной к земле и сказал, что продержит так всю ночь.

Подождав, как мне казалось, достаточно времени, я спросил:

— Зачем ты так?

— Потому что могу, — ответил он. Потом издал самодовольный гнусавый звук, который в мире Баттеров сходил за смех.

— Но тогда и тебе придется оставаться здесь всю ночь, — заметил я. — Тебе же будет скучно.

— Наплевать, — как всегда, последовал готовый ответ. Помолчав, он добавил: — А потом, я это могу. — И он принялся упражняться на мне пыткой плевком — это когда тот, что сверху, медленно подвешивает над тобой плевок, который, вздрагивая, висит на ниточке, а затем либо всасывается назад, если жертва просит пощады, либо падает. Это было даже не похоже на плевок — по крайней мере на человеческий плевок. Больше походило на отрыжку гигантского насекомого. Ядовито-зеленый, с прожилками крови и, если не изменяет память, с торчащими по бокам серыми шипами. Он был такой большой и блестящий, что ты мог видеть в нем свое искаженное, как на рисунках М.С. Эшера, изображение. Я знал, что, если только частица его дотронется до моего лица, она жарко зашипит и оставит на лице безобразный шрам.

На самом деле он втянул плевок назад и слез с меня.

Два дня спустя пошли обильные весенние дожди, загнав всех Баттеров на крытые толем крыши, откуда их одного за другим спасали на маленьких лодках. На берегах собралась тысяча весело улюлюкавших детей.

Чего они не знали, так это того, что грозовые тучи, которые несли освежающие дожди, направлялись по небу мощным излучением скромного супергероя прерий, малого ростом, но прекрасно сложенного Малыша по прозвищу Молния.

Глава 3

КУМИРЫ ЭПОХИ

Ист-Хэмптон, Коннектикут (Ассошиэйтед Пресс). — Во вторник здесь прекратили поиски утонувшего в озере Покотопауг, когда выяснилось, что лицом, которого искали, был один из добровольцев, участвовавших в поисках, — 23-летний Роберт Хаусман из Ист-Хэмптона.

«Де-Мойн реджистер»,
20 сентября 1957 года

Все время, пока я рос (и, несомненно, значительно дольше), мать всякий раз во время еды выкладывала каждому на тарелку здоровый кусок творога. Ей представлялось важным подавать к еде что-нибудь свернувшееся или слегка подмокшее. Мало сказать, что творог мне не нравился. Он мне казался чем-то, что не проглатывается, а выблевывается. В этом была вся загвоздка.

У меня был дальний родственник, которого звали Ди (возможно, он вовсе не был дядюшкой, а просто кем-то из чужих, но кто бывал на всех крупных семейных встречах) и который в результате травмы или хирургического вмешательства утратил гортань, в горле у него была дырка. В жизни случается всякое. В пятидесятые годы среди сельских жителей Айовы встречалось множество людей с бросающимися в глаза физическими особенностями — деревянными ногами, короткими руками, заметно перекошенными головами, беспалыми руками, без языка, с пустыми глазницами, шрамами длиною в несколько футов, начинающимися иногда на одной руке и заканчивающимися на другой. Бог знает, как они обходились, но то, что им досталось от жизни, — бесспорно.

Как бы то ни было, у дядюшки Ди была дырка в горле, и он прикрывал ее квадратиком марли. Марля часто отлипала, особенно когда Ди волновался, и либо приоткрывала отверстие, либо совсем отваливалась. В обоих случаях можно было видеть дырку, черную как уголь, пугающую, размером с 25-центовую монету. Ди говорил через эту дырку в шее — фактически извергал из нее подобие речи. Все сходились во мнении, что у него получалось очень хорошо, — в смысле объема и непрерывности он творил чудеса; многим такая речь напоминала работающий на полную мощность лодочный мотор, — хотя на самом деле никто не имел ни малейшего представления, о чем Ди говорил. А жаль, ибо человеком он был ужасно словоохотливым. Он с чувством изрыгал звуки, тогда как стоящие рядом (надо сказать, почти всегда новые люди в семейном кругу) бесстрашно, но нерешительно следили за его дыркой. Время от времени кивая с серьезным видом, произносили: «Да ну?» или «Ладно, я...», а потом со словами: «Пожалуй, пойду выпить лимонада» — потихоньку удалялись, оставляя неистово изрыгающего им в спину ругательства Ди одного.

Все было прекрасно, по крайней мере приемлемо, пока дядюшка Ди не принимался за еду. Когда Ди ел, вам не хотелось находиться с ним в одном округе, потому что дядюшка продолжал говорить с набитой глоткой. Все, что он брал в рот, тонкой струйкой вылезало из дырки в горле. Казалось, ты обедаешь с очень маленьким роторным снегоочистителем. Я был свидетелем, как спокойные, добродушные взрослые люди, добрые христиане — любящие сестры, сыновья и отцы, а в одном запомнившемся случае двое лютеранских священников из соседних приходов — вступали в молчаливую, но длительную и свирепую борьбу за обладание стулом, дабы избежать возможности сидеть за обедом рядом или, что еще хуже, напротив Ди.

Характерной чертой такого состояния Ди, особенно привлекавшей мое внимание, было то обстоятельство, что все попадавшее ему в рот — шоколадно-кремовый торт, жареный цыпленок, печеная фасоль, шпинат, брюква, желе — к тому времени, когда оно достигало дыры, становилось творогом. Не знаю как, но так уж получалось.

Именно поэтому я питал отвращение к творогу. Мать никак не могла этого понять. Потом, она была восхитительно добродушно-забывчивой. Мы забавлялись, предлагая назвать наши дни рождения, а если это оказывалось слишком трудным, вспомнить, в какое время года она нас родила. Она не могла с уверенностью назвать наши вторые имена. В супермаркете, подойдя к кассе, часто обнаруживала, что неизвестно где овладела чьей-то тележкой и там лежат вещи — ананасы, суппозитории, пакеты с собачьим кормом, — которые она не собиралась покупать. Она редко помнила, кому принадлежит та или иная одежда. И не имела ни малейшего представления, кто что любит из еды.

— Мам, — каждый вечер говорил я, накрывая куском хлеба, словно жертву дорожной аварии одеялом, лежащий на тарелке противный кусок, — ты же знаешь, я ненавижу творог.

— Правда, мой хороший? — с доброжелательным недоумением спрашивала она. — А почему?

— Он похож на ту гадость, которая выскакивает из горла дядюшки Ди.

Все присутствующие, включая отца, с серьезным видом кивают.

— Ну, съешь чуточку и оставь, если не нравится.

— Да я весь не люблю, мам. Нельзя же любить одну часть и не любить другую. Мам, мы говорим об этом каждый вечер.

— Уверена, ты никогда его не пробовал.

— Я никогда не пробовал голубиный помет. Никогда не пробовал ушную серу. Некоторые вещи не надо пробовать. И опять же, мы говорим об этом каждый вечер.

Все снова серьезно кивают головами.

— Ну и ну, а я и не знала, что ты не любишь творог, — изумленно замечала мать, и на следующий день творог снова был в тарелке.

Изредка ее забывчивость заходила слишком далеко, особенно если она опаздывала. Вспоминаю одно беспорядочное утро, когда я был совсем маленьким — во всяком случае, достаточно маленьким, чтобы быть во многом доверчивым и совсем глупым, — и она дала мне надеть в школу старые брюки капри моей сестры. Они были ослепительного лимонно-зеленого цвета, очень тесные, с небольшими разрезами внизу, закрывали только три четверти икр. Не веря глазам своим, я недоуменно оглядывал себя в зеркале.

— Так не годится, мам, — сказал я. — Это же старые брюки капри, что носила Бетти, а?

— Нет, голубчик, — успокоила меня мама. — Это *пиратские* штаны. Сейчас очень модно. Кажется, Куки Бирнс выступает в таких в «Сансет-стрип».

Куки Бирнс, вычурно причесанная звезда популярного еженедельного телевизионного шоу, был для меня и большинства тех, кому нравились интересно уложенные волосы, кумиром, и он был действительно способен на милые чудачества, как пить дать. Но даже после этих слов я не почувствовал себя в своей тарелке.

— Не думаю, мам. Потому что это девчачьи штаны.

— Он носит, голубчик.

— Клянешься Богом?

— У-ум, — смутилась она. — Посмотри на этой неделе. Уверена, что носит.

— Но ты клянешься Богом?

— У-ум, — снова послышалось в ответ.

Так я и пошел в школу. Хохот был слышен за милю. И продолжался большую часть дня. Директриса, миссис

Чудовищная Грудь, которая в обычных условиях не оторвала бы задницу от стула, даже если бы он загорелся, специально приходила взглянуть на меня и смеялась так, что от блузки отскочила пуговица.

Куки Бирнс, разумеется, никогда не носил ничего, что бы отдаленно напоминало брюки капри. После уроков я спросил об этом сестру.

— Ты что, *разыгрываешь?* — ответила она. — Куки Бирнс *не* гомосексуалист.

Долго держать зло на мамину забывчивость было невозможно, потому что это было такой явно и безнадежно патологической странностью ее природы. Могло не нравиться и ее пристрастие к платьям в горошек и двухцветным туфлям. Такая уж она была. Кроме того, она восполняла некоторые недостатки тысячью других черт: была ласковой и доброй, терпеливой и великодушной, немедленно и искренне извинялась, если была в чем-то не права, всегда готовой загладить вину. Мать обожали все на свете. У нее полностью отсутствовала подозрительность, она никому не желала зла. Никогда не повышала голос, не отказывала в просьбах. Никогда ни на кого не наговаривала. Хорошо относилась ко всем. Она жила для других. Хотела, чтобы все были счастливы. Почти каждую неделю мы с ней ходили в ресторан и в кино.

Из-за работы отца по выходным часто не было дома, так что каждую пятницу, практически без исключений, мать говорила мне: «А что ты скажешь, если мы вечерком пообедаем в «Бишопе», а потом заглянем в кино?», будто это было редким удовольствием, когда на самом деле совершалось регулярно.

Таким образом, по пятницам после уроков я торопился домой, бросал учебники на кухонный стол, хватал пригоршню печенья и отправлялся в центр города.

Иногда садился в автобус, но чаще экономил деньги и шел пешком. Всего пару миль, а весь путь, если идти по Гранд-авеню (по которой автобусы не ходили; их направляли по Ингерсолл), был приятным и интересным. Мне очень нравилась Гранд-авеню. В те времена от центра до западных пригородов ее украшали высокие, сплетающиеся кронами вязы, самые красивые деревья, осенью обильно одаривающие улицы ливнем золотых шуршащих листьев. Здания учреждений и жилые дома стояли близ проезжей части, придавая Гранд-авеню атмосферу добрососедства. В то же время большинство старинных зданий — огромных пышных особняков, сохранивших свое великолепие, с башнями и башенками и похожими на корабельные палубы террасами — сохранились в целости, хотя использовались, главным образом, в качестве офисов, похоронных контор и тому подобного. Через разумные интервалы они перемежались с более величественными функциональными сооружениями: гранитными зданиями церквей, католической женской гимназией, импозантным отелем «Коммодор» (с ведущей на улицу крытой галереей — приятная черточка, напоминающая Манхэттен); походящим на дом с привидениями сиротским приютом, в окнах которого никогда не увидишь играющих детей; официальной резиденцией губернатора, скромным особняком с белым флагштоком и флагом штата. Все располагалось весьма пропорционально, находилось точно на своем месте, было продуманно украшено и ухожено. Идеальная улица.

Там, где кончались жилые районы и начиналась центральная часть, у похожего на заводскую громадину здания издательства «Мередит» (где обитал журнал «Беттер хоумз энд гарденз»), Гранд круто сворачивала налево, словно вдруг вспомнив о важном свидании. Первоначально от этой точки намеревались провести через центр своего рода среднезападные Елисейские Поля, ведущие к ступеням Капитолия — здания Законодательного собрания штата. Идея состояла в том, что по мере продвижения по Гранд прямо перед вами должно было открываться златоглавое великолепие Капитолия (действительно достойное сооружение, одно из лучших в стране).

Но когда (где-то во второй половине XIX века) прокладывали улицу, ночью прошел сильный дождь, и шесты геодезистов, очевидно, сдвинулись — по крайней мере, так нам всегда говорили, — и улица отклонилась от прямой линии, оставив Капитолий в стороне. Сегодня это выглядит так, будто здание поймали при попытке удрать. Некоторые очень дорожат этой странностью, другие предпочитают молчать. Мне, к примеру, по пути с запада никогда не надоедает любоваться великолепно сдвинутым в сторону Капитолия дорогим сердцу беспорядком. При этом я люблю размышлять над тем, как целые бригады могли прокладывать важный путь, даже не взглянув, куда они двигаются.

Первые квартал-другой в центре Де-Мойна имели несколько захудалый, но вполне приемлемый вид. Здесь были подозрительные бары, маленькие гостиницы с сомнительной репутацией, такого же свойства офисы и лавки, торговавшие странными вещами вроде резиновых штемпелей и полицейских наручников. Мне очень нравился этот район. Всегда была возможность услышать из окон верхних этажей шумные ссоры, надеясь, что они дойдут до перестрелки или кто-нибудь выпадет из окна на навес, как в лучших голливудских фильмах, или на худой конец, держась рукой за окровавленную грудь, вывалится из дверей и рухнет на тротуар.

Потом довольно быстро центр города стал более респектабельным и в буквальном смысле вырос вверх. Это бьющееся сердце метрополиса имело довольно скромные размеры — всего три-четыре квартала в ширину и четыре-пять в длину, — но здесь плотно теснились довольно высокие кирпичные здания, и оно было полно людей и жизни. Воздух был грязноват и голубоват от дыма. Люди ходили быстрее и более широкими шагами. Словом, как положено городу.

В центре у меня был неизменный маршрут. Сначала заглядывал в «Пинки», магазин в здании Банковского треста с большим выбором пылившихся там забавных пустяков — пластмассовых прозрачных кубиков с мухой внутри, зубов-трещоток, резиновых экскрементов, — которые никто никогда не покупал. «Пинки» существовал исключительно для матросов, приезжих рабочих и ребятишек, которым надо было как-то убить время. Я не имею представления, как «Пинки» не разорился. Могу лишь предположить, что в 1950-х годах не требовалось много продавать, чтобы остаться кредитоспособным*.

Полюбовавшись всякой ерундой, я совершал кружок-другой по бельэтажу «Фрэнкельз», потом заходил в книжную секцию «Йонкерса» получить по абонементу свежие комиксы «Смелые парни». Обычно заглядывал в «Вульворт», к киоску с содовой водой, чтобы угоститься их прославленным напитком «Зеленые реки»; эта освежающая сладкая зеленая шипучка в 1950-х годах была аперитивом школьников. И наконец, направлялся к «Р» и «Т» («Реджистер» и «Трибюн») на углу Восьмой и Локаст-стрит. Здесь я на минутку задерживался посмотреть через протянувшиеся по всей длине здания большие толстые стекла на печатный цех, а потом через шустрые вращающиеся двери проходил в вестибюль «Реджистера», где несколько минут отдавал дань уважения огромному, медленно вращавшемуся глобусу,

---

* После я узнал от своего житейски более искушенного осведомителя Стивена Каца, что «Пинки» зарабатывал продажей из-под прилавка порнографических журналов (*примеч. автора*).

располагавшемуся за стеклом (всегда любопытно теплым на ощупь).

«Реджистер» гордился этим глобусом. Он был, как помню, одним из самых больших глобусов в мире, по крайней мере в два раза больше меня, прекрасно отделан и раскрашен. Ось была наклонена под точным с научной точки зрения углом, и вращался он со скоростью вращения Земли, совершал один оборот за двадцать четыре часа. Словом, великолепная вещь, достойная восхищения, — самая большая техническая достопримечательность Де-Мойна, помимо радиоактивных сидений унитазов в кафетерии «Бишоп». Из-за того, что глобус был такой большой, величественный и ощутимо реальный, создавалось впечатление, что смотришь на саму Землю, и я ходил вокруг него, воображая себя Богом. Даже ныне, думая о странах мира, я как бы вижу их на этом большом шаре — Танганьику, Родезию, Восточную и Западную Германию, острова Дружбы. Возможно, кроме меня у глобуса были и другие поклонники, но я ни разу не видел, чтобы кто-нибудь проходивший мимо уделял ему больше беглого взгляда.

Ровно в половине шестого я поднимался на лифте в редакционный зал на четвертом этаже — помещение, так во всем похожее на стандартный редакционный зал, что там даже была вращающаяся дверь, через которую ты входил с беспечным видом, как Розалинд Рассел в «Его Пятнице женского пола», проходил через отдел спорта с фамильярным «Привет», обращенным ко всем присутствующим (в конце концов, они были коллегами моего отца), мимо трещавших телетайпов, и представал перед столом матери в следующем, женском отделе. Ясно вижу ее сидящей за серым металлическим столом, с чуть упавшими на лоб волосами, стучащей на пишущей машинке, почтенной «Смит Корона». Многое бы отдал — почти все на свете, — чтобы еще раз пройти через эту дверь, взглянуть на парней из отдела спорта и увидеть сидящую за машинкой мою дорогую маму.

Мое появление всегда одинаково радовало и удивляло ее.

— Ой, Билли, здравствуй! Господи, неужели уже пятница? — восклицала она, будто мы не виделись несколько недель.

— Да, мам.

— Ладно, что ты скажешь, если мы сходим в «Бишоп» и в кино?

— Было бы здорово.

Так что мы спокойно, с удовольствием обедали в «Бишопе», а потом не спеша шли смотреть фильм в одном из расположенных в центре трех великолепных старомодных дворцов кино — «Парамаунт», «Де-Мойн» и «РКО-Орфеум», — каждый выглядел как огромный, призрачно освещенный мавзолей, построенный в замысловатом стиле, вызывающем в памяти лучшие времена Древнего Египта. «Парамаунт» и «Де-Мойн» вмещали по тысяче шестьсот человек, «Орфеум» чуть меньше; правда, в конце 1950-х годов на сеансах редко бывало более тридцати-сорока зрителей. Для пятничных вечеров никогда не было и никогда снова не будет лучшего места — сидишь с коробкой масленой воздушной кукурузы в кубическом акре темноты и смотришь на экран, такой огромный, что можно читать на нем заголовки книг в книжных шкафах, числа на календарях, номера проезжающих автомашин. Чем не волшебство?

А фильмы в 50-х были несравненные. «Бессмертный мозг», «Пустое место», «Человек с планеты Икс», «Земля против летающих тарелок», «Зомби стратосферы», «Чудовище», «Вторжение похитителей трупов» и «Сжимающийся человек» — это только часть вдохновенных вымыслов безгранично богатого творческим воображением десятилетия. Правда, мы с матерью никогда не ходили на них. Смотрели мелодрамы, где в главных ролях обычно были звезды второго ряда: Ричард Конте, Лизабет Скотт, Лана Тернер, Дэн Дьюреа, Джефф Чандлер. Сам я никогда не мог понять, в чем привлекательность этих фильмов. Бесконечные разговоры эдакого мрачного, серьезного, обвинительного свойства, характерного для героев фильмов 50-х годов. Действующие лица почти всегда говорили отвернувшись, так что казалось, что они непонятно почему обращались к книжному шкафу или торшеру, а не к собеседнику. В определенный момент звуки музыки нарастали, и один из героев говорил другому, что больше не может этого выносить, и удалялся.

— Я тоже! — Любезно ставя в известность мать, я отправлялся в мужской туалет.

Мужские туалеты в городских кинотеатрах были огромные, залитые мягким светом и вообще выглядели шикарно. Зеркала в полный рост, так что можно было попрактиковаться в выхватывании пистолета, несколько автоматов — с расческами, презервативами — я мог почти дотянуться до них рукой. Длинный ряд кабинок с перегородками, которые позволяли видеть ноги сидевших в соседних кабинках, чего я не понимал тогда и не понимаю до сих пор. Чтобы оставить о себе след, я заходил в крайнюю левую кабинку и запирал дверь, потом проползал под перегородкой в следующую кабинку и запирал ее и так далее по всему ряду, пока не запирал все кабинки. Это давало мне необъяснимое сознание успеха.

Одному Богу известно, куда я только не проползал, чтобы совершить этот маленький подвиг, но в то время я еще был страшно глуп. Действительно, страшно глуп. Помню, когда мне было около шести, я на протяжении всего сеанса отковыривал из-под сиденья какую-то занятную сладковатую массу, не подозревая, что это остатки жвачки, прилепленной предыдущими посетителями.

Года два меня мутило при мысли, в какое нелепое и антисанитарное занятие я вляпался: я брал воздушную кукурузу теми же пальцами, которыми влезал в жеванную другими жвачку. Я даже — о, ик! ик! — облизывал пальцы, обильно перенося слюни сифилитиков и неподдающуюся определению дрянь с выплюнутых жвачек в свой здоровый рот и нежный пищеварительный тракт.

После кино мы всегда шли отведать сладкого пирога в «Тоддл хауз» на Гранд-авеню, крошечную, наполненную паром, уютную закусочную с шипящим на огне маслом и брюзжащим персоналом. «Тоддл хауз» была не более чем небольшим кирпичным домишкой с единственной стойкой и несколькими крутящимися табуретами, но нигде еще на таком ограниченном пространстве не производилось божественных лакомств и не было так восхитительно тепло в холодные вечера. Пироги — с хрустящей корочкой, сдобные, мягкие и всегда щедро нарезанные — были раем на блюде. Обычно это становилось важнейшим событием вечера, но в один из вечеров я очень рассердился. Чувствовал себя грязным и обреченным. Никак не думал, что, возможно, столкнусь с чем-то еще похуже, но случилось так, что это худшее было рядом.

Сидя за стойкой, лениво ковыряя вилкой пирог с банановой начинкой, жалея себя и свой обреченный пищеварительный канал, я прихлебывал из стакана и вдруг увидел, что сидевший рядом старик тоже пьет из него. Ему было лет двести, по краям его рта свисали грязные слюни. Когда он поставил стакан, в воде плавали белые жеваные крошки.

Схватившись обеими руками за горло, я в ужасе стал давиться. Вилка с шумом упала на пол.

— Скажи-ка, никак я пил твою воду? — весело заметил он.

— Да! — не веря глазам, выпалил я и поглядел в его тарелку. — И вы ели... *вареные яйца.*

Вареные яйца на тарелке у немытого старика в моем представлении уступали только творогу — и то еле-еле. По внешнему виду эти слизистые продукты были практически неразличимы. Давясь, я засучил руками по тарелке, как кот, пытающийся взять в лапы комок шерсти.

— Э-э, надеюсь, что вши у тебя не водятся, — сказал он и, весело похлопав меня по плечу, пошел расплачиваться.

Я ошеломленно глядел на него. Он рассчитался, сунул в рот зубочистку и не спеша заковылял к своему пикапу.

Но не дошел. Когда он подходил к двери, из моих широко раскрытых глаз посыпались молнии. На мгновение он блеснул и, корчась в агонии, исчез.

Так родилось Громовидение. Мир стал опасным местом для идиотов.

Существует много версий того, как Малыш по прозвищу Молния обрел свое фантастическое могущество, но первые намеки на то, что я не с планеты Земля, а откуда-то еще (как я позднее узнал, с планеты Электро в созвездии Зизз), крылись в разговорах моих родителей. В детстве я проводил уйму времени, вслушиваясь — практически подслушивая — в их праздные разговоры. А говорили они без умолку, взахлеб, почти на грани сладостного помешательства. Помню, отец как-то вошел, весьма возбужденный, и протянул матери листок бумаги.

— Что это за слово? — спросил он. Там было написано: «chaise longue» (англ., фр. «шезлонг»).

— «Shays lounge» («шезлаундж»), — ответила она, произнося это слово как все жители Айовы, да, пожалуй, как все американцы. В те дни шезлонг означал исключительно вид входившего тогда в моду регулируемого кресла для внутреннего дворика. В комплекте с мягкой стеганой подстилкой, которую на ночь заносили внутрь, если думали, что кто-нибудь может ее утащить. На нашей подстилке была изображена карета со скачущей четверкой коней.

— Посмотри еще, — убеждал отец.

— «Shays lounge» («шезлаундж»), — не сомневаясь, повторила мать.

— Нет, — сказал он, — посмотри на второе слово. Повнимательнее.

Она посмотрела.

— Ой. — До нее стало доходить. Она попробовала еще раз: — «Shays lawn-gway» («шезлоонгуэй»).

— Так вот, это просто «long» (лонг), — мягко, но по-галльски гнусавя, произнес отец. — «Shays lohhhnggg» («шезлоонг»), — повторил он. — Здорово, а? Я встречал это слово, должно быть, сотни раз и ни разу не заметил, что это никак не «lounge» (лаундж).

— Lawngg («лоонг»), — чуть удивленно произнесла мать. — Придется привыкнуть.

— Это по-французски, — пояснил отец.

— Да, полагаю, что так, — согласилась мать. — Интересно, что оно означает.

— Не имею представления. О, гляди, вон Боб возвращается с работы, — говорит отец, выглянув в окно. — Пойду попробую на нем.

Он перехватывает Боба у его дома, и они минут десять с удивленным видом обсуждают слово. Следующий час отца можно видеть в проулке и на соседних улицах с листком бумаги, который он показывает соседям, и все с удивленным видом обсуждают проблему. Позже Боб заглянет к нам и попросит одолжить листок, чтобы показать жене.

Примерно тогда я стал подозревать, что я родом не с этой планеты и что эти люди не являются — не могут быть — моими биологическими родителями.

Однажды, когда мне еще не было шести, я шарил в подвале, надеясь найти что-нибудь острое или горючее, на что не наткнулся раньше, и позади печи нашел висевшую там тонкую шерстяную фуфайку редкой красоты. Натянул ее на себя. Она была на много размеров больше моего — рукава чуть ли не касались пола, — но это был самый красивый предмет одежды, какой я когда-либо видел. Она была из блестящей лоснящейся шерсти, темно-зеленого цвета, очень теплая и тяжелая, несколько грубоватая и слегка побитая молью, но все еще необыкновенно шикарная. На груди — золотистая молния из атласной ткани, правда сильно поблекшая. Интересно, что никто не знал, откуда она взялась. Отец считал, что это, возможно, старая футболка или хоккейная фуфайка команды какого-нибудь колледжа времен до Первой мировой войны. Но как она попала в дом, он не имел представления. Предполагал, что ее повесили там прежние владельцы и забыли, когда выезжали.

Но мне-то лучше знать. Это, безусловно, была священная футболка Зэпа, оставленная мне королем Волтоном, моим покойным настоящим отцом, который перенес меня на Землю в серебряном космическом корабле в 1951 земном году (год Электрона 21 000 047 002) незадолго до того, как наша суровая, но славившаяся архитектурой планета впечатляюще взорвалась, рассыпавшись на миллиарды каменных осколков. Дабы я мог сохранить божественные силы и символы веры Электрона, он поместил меня в безобидную семью в середине Америки, посредством гипноза убедив ее членов, что я обыкновенный мальчик.

Эта футболка была основой моих сверхъестественных способностей. Она изменяла мое существо. Наделяла меня колоссальной силой, перекатывающимися под кожей мускулами, рентгеновским видением, способностью летать и ходить по потолку, становиться невидимым, ловкостью ковбоя в метании лассо и меткостью одним выстрелом выбивать из рук противника винтовку, хорошим голосом, чтобы петь у костра, и чу́дными иссиня-черными волосами с забавным хохолком на макушке. Короче говоря, она делала меня таким, какими хотят быть мужчины и какими их хотят видеть женщины.

Из имеющихся запасов я добавил к футболке ряд полезных предметов снаряжения — плеть и шпагу Зорро, шейный платок и кольцо к нему (с тайным свистком) Владыки Неба, лук и стрелу Робина из Шервудского леса, расшитый ковбойский жилет, сапоги с бриллиантами и звенящими лужеными шпорами Роя Роджерса — это добавило мне сил и шика. На поясе гремела алюминиевая армейская фляга, — все, что в нее наливали, приобретало странный металлический привкус; висели компас и сумка со служебным набором бойскаута, в котором было все необходимое для приготовления сытной еды в дикой местности и отражения нападения диких кошек, медведей-гризли и скаутских вожатых-педофилов; ручной фонарь Бэтмена с сигнальной приставкой (для передачи сообщений посредством отражения от облаков) и резиновый охотничий нож.

Иногда я носил армейский ранец с сухим пайком и запасными боеприпасами, но старался не часто им пользоваться, потому что от него почему-то постоянно пахло кошачьей мочой и он мешал свободно развеваться красному пляжному полотенцу, которым я повязывал шею во время полетов. Короткое время я, на манер Супермена, носил поверх джинсов трусы (причуда, которая не поддавалась пониманию), но это вызвало такое безудержное веселье в Ребячьем мире, что я скоро бросил эту моду.

На голове в зависимости от времени года я носил фетровую ковбойскую шляпу или енотовую шапку с хвостом, как у Дейви Крокетта. Для работы в воздухе я надевал одобренный Джонни Унитасом шлем для игры в регби с прочной пластмассовой защитной маской. Вся экипировка, собранная вместе, весила чуть более семидесяти фунтов. Я не столько носил ее, сколько таскал за собой. В полном облачении я становился Малышом по прозвищу Молния (позже капитаном Молния), которое пожаловал мне отец в момент шутливого восхищения, когда он, отразив выпад мечом, поднял меня на пять деревянных ступенек нашей задней террасы, сэкономив мне по крайней мере десяток минут вскарабкивания.

К счастью, мне не надо было много передвигаться, потому что мои сверхспособности были направлены не на пленение дурных людей или совершение добрых дел для простых людей, а, главным образом, на использование моего рентгеновского видения. Например, для заглядывания под одежду привлекательных женщин и обугливание и уничтожение учителей, нянек, старух, которые хотят, чтобы их поцеловали, — всего, что становилось препятствием для моего счастья. Все герои дня на чем-то специализировались. Супермен боролся за правду, справедливость и американский образ жизни. Рой Роджерс почти исключительно имел дело с коммунистическими агентами, которые замышляли отравить воду или иным путем подорвать или надругаться над американским образом жизни. Зорро издевался над нескладным малым, сержантом Гарсия, по непонятным, но, вероятно, здравым соображениям. Одинокий Рейнджер в старые времена боролся за закон и порядок на Западе. Я убивал идиотов. Убиваю до сих пор.

Я много думал о рентгеновском видении, потому что не мог понять, как оно действовало. Хочу сказать, что если можно видеть сквозь одежду, то наверняка и сквозь кожу видно все, что внутри. Ты будешь видеть кровеносные сосуды, пульсирующие органы, перевариваемую и проталкиваемую через кольца кишечника пиццу и еще много чего грубого и нежелательного. Если ты смог бы каким-то образом удерживать свои лучи на розовой кожице, любое тело, которое ты разглядываешь, имело бы привлекательный естественный вид, но было бы сжато и искажено невидимым нижним бельем. Груди, для начала, были бы чудно́ стиснуты и задраны кверху, уложены в невидимые лифчики, вместо того чтобы расслабленно и приятно свисать. Это выглядело бы совсем неубедительно или, по крайней мере, не совсем убедительно. Вот почему следовало усовершенствовать Громовидение — подобный лазеру проникающий взгляд, позволявший мне удалять нижнее белье, не повреждая кожи или верхней одежды. Громовидение, ставшее классом выше и настраиваемое точнее, кроме того, используемое как мощное оружие для превращения в пар людей, вызывающих раздражение. Это было приятным, но совершенно случайным преимуществом.

В отличие от Супермена, мне некому было объяснить, в чем моя сила. Мне приходилось самому прокладывать путь в супермир и находить образцы собственного поведения. Это давалось нелегко, ибо 1950-е хотя и были полны героев, но в них присутствовало и много странного. Почти все героические личности тех дней имели странности и несколько обескураживали. Многие жили с другими мужчинами, за исключением Роя Роджерса, поющего ковбоя, который жил с женщиной по имени Дейл Эванс, одевавшейся как мужчина. Бэтмен и Робин, бесспорно, выглядели так, будто собирались на праздник геев, да и Супермен оказался не намного лучше. Путаницы добавляло то, что, по существу, было *два* Супермена. Один Супермен из книжки комиксов, с голубоватыми волосами, никогда не смеялся и не верил никаким вракам. И был телевизионный Супермен, более добродушный и чуточку слабохарактерный, который с годами стал скучнее и слабее.

Подобным же образом и Одинокий Рейнджер, принадлежавший к тем, с кем вы хотели бы ночевать в одной палатке, стал странным из-за того, что эту роль на телевидении играли два разных актера — Клейтон Мур с 1948-го по 1951-й и с 1954-го по 1957-й и Джон Харт в промежутке. При этом на местном телевидении серии повторяли наугад, создавая впечатление, что Одинокий Рейнджер не только носил крошечную маску, которая никого не дурачила, но время от времени менял тело. У него также была броская фраза: «Горячий конь со скоростью света, туча пыли и от души: "Привет, Сильвер, Одинокий Рейнджер"», — не имевшая абсолютно никакого смысла, как ее ни крути.

Рой Роджерс, мой первый настоящий герой, во многих отношениях больше всех сбивал с толку. Прежде всего, он был странно анахроничен и жил в западном городишке Минерал-сити, который, казалось, удобно обосновался в XIX веке. Там имелись деревянные тротуары и коновязи, в домах — керосиновые лампы, все ездили на лошадях и носили шестизарядные револьверы, начальник полицейского участка одевался как ковбой и носил значок, — но, когда в кафе у Дейл заказывали кофе, его подавали в стеклянном кофейнике, снятом с электрической мармитницы. Время от времени на машинах появлялись нынешние полицейские и люди из ФБР, и даже легкие аэропланы занимались поисками скрывающихся коммунистов. Когда такое случалось, я отчетливо помню, как думал: «Что за хреновина?» — или как там это звучит на языке пятилетнего мальчугана.

За исключением Зорро — тот действительно знал, как махать шпагой, — драки всегда были короткими и бескровными и никогда не влекли за собой больницу, тем более потерю сознания, шрамы или смерть. Главным образом, они сводились к тому, что кто-то прыгал с камня на кого-нибудь ехавшего на коне, за чем следовала оживленная борьба. Потом оба борца поднимались на ноги и хороший малый посылал плохого в нокдаун. Рой и Дейл оба носили револьверы — все носили револьверы, включая Магнолию, их смешную черную служанку, и Пэта Брэди, повара, — но никогда не убивали «насмерть». Просто выстрелом выбивали пистолеты из рук плохих парней, а потом валили с ног кулаком.

Еще одна незабываемая вещь касательно Роя Роджерса (которая особенно запомнилась в связи с тем, что отец, каждый раз проходя через комнату, бросал свое замечание) состояла в том, что конь Роя Триггер в титрах стоял выше его жены Дейл Эванс.

— Значит, Триггер в самом деле талантливее, — неизменно бросал отец.

— И выглядит куда лучше! — согласно добавляли мы хором.

Что ни говори, но в те дни мы были счастливы.

Глава 4

ВЕК ПРИЯТНЫХ ВОЛНЕНИЙ

ИССЛЕДОВАНИЯ ПОКАЗЫВАЮТ, ЧТО ВЫПИВКА ПЕРЕД ОБЕДОМ НЕ ВРЕДИТ СЕРДЦУ

Филадельфия, Пенсильвания. Пара коктейлей перед обедом, а возможно, и третий для ровного счета, не повредят вашему сердцу. Фактически даже могут пойти на пользу. К этому выводу пришла группа исследователей из больницы Ланкенау при частичной поддержке Ассоциации сердечных заболеваний Северо-Восточной Пенсильвании.

«Де-Мойн реджистер»,
12 августа 1958 года

Не знаю, как им удалось, но люди, несущие ответственность за 1950-е годы, создали мир, в котором было так много всего, что шло вам на пользу. Выпить перед обедом? Чем больше, тем лучше! Курить? Можете не сомневаться! Согласно рекламе, сигареты даже делали вас здоровее, успокаивали взвинченные нервы, обостряли притупившиеся мозги. «Как раз то, что прописал доктор!» — говорилось в рекламе сигарет «L&M» в «Journal of American Medical Association» («Журнал Американской медицинской ассоциации»), где реклама сигарет с радостью печаталась вплоть до 1960-х годов. Рентген стал настолько доброкачественным, что обувные магазины установили специальные аппараты для примерки обуви, которые просвечивали вас с пяток до самой макушки. Не было ни частицы вашей ткани, которая бы не купалась в этих благодатных лучах. Неудивительно, что вы чувствовали прилив бодрости и спешили примерить еще одну пару кедов.

К счастью, мы были неразрушимы. Мы не нуждались в ремнях безопасности, предохранительных воздушных подушках, детекторах дыма, бутылочной воде. Нам не требовались безопасные для детей крышки на лекарства. Не нужны были шлемы при езде на мотоциклах, наколенники и налокотники при катании на коньках. Без письменного напоминания мы знали, что отбеливатель — это не освежающий напиток и что бензин, если поднести спичку, обязательно вспыхнет. Не стоило беспокоиться о еде, поскольку почти вся пища была для нас хороша: сахар придавал энергии, мясо делало сильными, мороженое укрепляло кости, кофе поддерживал в нас живость и работоспособность.

Каждая неделя приносила захватывающие новости о вещах, которые становились лучше, удобнее, двигались скорее. Ничто не считалось нелепым, абсурдным. «Почту доставляет управляемая ракета», — с нескрываемым радостным волнением и гордостью сообщала «Де-Мойн реджистер» утром 8 июня 1959 года о запуске Почтовой службой США ракеты «Регулус-1», несшей три тысячи писем, с подводной лодки в Атлантическом океане на авиабазу в Мейпорте, Флорида, в сотне миль от места запуска. Скоро, уверяли нас в статье, ракеты с почтой будут бороздить небеса страны. Можно было подумать, что носовые конусы ракет с письмами особой доставки ежечасно будут шлепаться на наших задних дворах.

На последовавших за запуском торжествах генеральный почтмейстер Артур Саммерфилд обещал: «Я уверен, что ракетоносная почта получит значительное развитие». На деле о ракетоносной почте больше ничего не было слышно. Возможно, кому-то пришло на ум, что ракеты могут иметь неудачное свойство промазывать и пробивать крыши предприятий и больниц или могут взорваться в полете, сбить пролетающий мимо самолет и что каждый запуск с грузом стоимостью максимум 120 долларов обходился бы в десятки тысяч долларов.

В действительности ракетоносная почта ни на миг не могла воплотиться в жизнь, а миллион или сколько там долларов, потраченных на эксперимент, были пущены на ветер до последнего пенса. Не важно. Важно было знать, что мы можем посылать почту ракетой, *если захотим*. В конце концов, это был век мечтаний.

Оглядываясь назад, почти невозможно найти что-нибудь, что хотя бы малость не щекотало чувства. Даже прически доставляли уйму удовольствия. В 1955 году мы с отцом пошли в парикмахерскую, и, когда вернулись, каждый волосок на голове стоял по стойке смирно, а вместе они образовывали идеальную горизонтальную площадку. Этот захватывающий фасон был известен как «плоская макушка». Его обладатели оставшуюся половину десятилетия провели в ожидании вынужденных посадок маленьких опытных самолетов или, возможно, специальных посланий, доставленных миниатюрной ракетой. Никогда еще люди не выглядели одновременно нелепыми и довольными.

Этому веку было свойственно и известное подкупающее простодушие. 3 апреля 1956 года, согласно сообщениям СМИ, некая миссис Джулия Чейз из Хагерстауна, штат Мэриленд, во время экскурсии по Белому дому ускользнула от своей группы и исчезла в недрах здания. Четыре с половиной часа миссис Чейз, которую позднее описывали как «неопрятную, рассеянную и не полностью в здравом рассудке», бродила по Белому дому и устраивала маленькие пожары — всего пять. Вот такой «строгой» была тогда служба безопасности: не совсем нормальная женщина могла больше половины рабочего дня незамеченной бродить по резиденции президента. Представьте реакцию, если бы подобное случилось сегодня: немедленные сигналы тревоги, поднятые в воздух перехватчики военно-воздушных сил, выпрыгивающие с потолка отряды особого назначения, танки, мнущие газоны, полтора часа поражающей цель стрельбы, потом щедрое награждение медалями за храбрость, включая посмертно награжденных семьдесят шесть человек в Виргинии и Восточном Мэриленде, погибших от своих же. В 1956-м, когда миссис Чейз нашли, ее отвели в столовую персонала, дали чашку чая и отпустили на попечение семьи. Никто об этом больше ничего не слыхал.

Волнующие события происходили и на кухне. «Пять лет назад домохозяйке ежедневно требовалось пять с половиной часов, чтобы приготовить пищу на семью из четырех человек, — сообщал в 1959 году журнал «Тайм» в статье с заголовком, вынесенным на обложку, который, я уверен, жадно читала моя мать. — Сегодня она может сделать это за полтора часа или меньше и приготовить блюда, достойные короля или придирчивого мужа». Анонимные подсказчики «Тайм» далее перечисляли все новые фантастически удобные продукты, которые можно купить за углом: замороженные салаты, майонез в тюбиках, сыр, который намазывается ножом, жидкий быстрорастворимый кофе в баллоне, полный набор для пиццы в тубе...

С огромной похвалой в статье отзывались о Чарльзе Гриноу Мортимере, председателе «Дженерал фудз» и первоклассном знатоке кулинарии, которому до того осточертели скукота, пресность и приводящая в уныние предсказуемость вкуса обычных овощей, что он засадил своих лучших сотрудников за работу по созданию новых блюд. Кухонные мудрецы Мортимера тут же выдали продукт, названный «Роллетами», — протертые многочисленные овощи, замороженные в виде палочек, которые занятая мать семейства могла положить на сковородку или запечь в духовке.

Роллеты (как и самого Чарльза Гриноу Мортимера) ждала судьба «ракетоносной почты», однако множество других продуктов питания нашли свое место в наших желудках и сердцах. К концу десятилетия американский потребитель мог выбирать из почти сотни сортов мороженого, пятисот видов изделий из зерна к завтраку и почти стольких же сортов кофе. В то же время пищевые предприятия страны накачивали свои изделия приятными красителями и консервантами, чтобы придать им привлекательный вид. К концу десятилетия продававшиеся в супермаркетах США продукты питания содержали аж две тысячи различных химических добавок, включая (согласно одному обзору) «девять эмульгаторов, тридцать один стабилизатор и сгуститель, восемьдесят пять сурфактантов, семь противоспекающих средств, двадцать восемь антиоксидантов и сорок четыре секвестранта». Думаю, что лишь иногда в них содержалась какая-нибудь пища.

По-своему возбуждала даже смерть, особенно когда она настигала других. В 1951 году журнал «Попьюлар Сайенс» попросил десятерых ведущих научных обозревателей назвать наиболее многообещающие научные достижения, которые они ожидают в ближайший год, и ровно половина назвала усовершенствование ядерного оружия — некоторые с явным удовольствием. Артур Дж. Снайдер из «Дейли ньюс», например, с волнением отмечал, что американские сухопутные силы скоро будут вооружены личными атомными боеголовками. «С появлением малой атомной артиллерии, способной поражать сосредоточения войск, тактические военные операции будут революционизированы! — восторгался Снайдер. — Участки, которые в прошлом были способны выдерживать осаду неделями и месяцами, теперь будут уничтожены за считаные дни или часы». Ура!

Люди были околдованы и зачарованы — по существу, потрясены огненным величием и неестественной мощью атомных бомб. Когда военные начали испытания ядерного оружия на дне высохшего озера, названного

Френчмэн Флэт, в невадской пустыне у Лас-Вегаса, оно стало самой привлекательной приманкой для туристов. Люди приезжали в Лас-Вегас не играть — или, по крайней мере, не только играть, — а постоять на краю пустыни, почувствовать, как дрожит под ногами земля, и поглядеть, как в воздушном пространстве перед ними вздымаются столбы огня, дыма и пыли. Посетители имели возможность остановиться в отеле «Атомный пейзаж», заказать в местных барах «атомный коктейль» (равные доли водки, коньяка и шампанского с капелькой хереса), съесть «атомный гамбургер», сделать «атомную прическу», посмотреть ежегодную коронацию «Мисс Атомная Бомба» или весьма ритмичные вращения стриптизерши Кэндис Кинг, взявшей имя «Атомный взрыв».

В рекордные годы в Неваде проводилось до четырех атомных взрывов в месяц. Грибовидные облака были видны с любой автомобильной стоянки в городе*, но большинство приезжающих отправлялись к краю зоны самого взрыва, как на пикник, чтобы наблюдать за испытаниями и с интересом посмотреть на радиоактивные осадки. А взрывы были мощные. Некоторые из них наблюдали даже пилоты, летевшие за сотни миль от эпицентра над Тихим океаном. Радиоактивная пыль часто оседала в Лас-Вегасе, оставляя видимый налет на горизонтальных поверхностях. После некоторых взрывов по городу ходили лаборанты в белых халатах со счетчиками Гейгера. Люди становились в очередь, дабы полюбопытствовать, насколько они радиоактивны. Все воспринималось как развлечение.

---

* Правда, Лас-Вегас в те дни не был таким оживленным городом, как сегодня. На протяжении 50-х годов он оставался небольшим курортным городком посреди раскаленной пустыни. Первый светофор появился тут в 1952 году, первый лифт (в отеле «Ривьера») — в 55-м (*примеч. автора*).

Как ни интересно было наблюдать за атомными взрывами и принимать на себя радиоактивное тепло, но все же подлинным удовольствием и радостью десятилетия — лучше плоских причесок, ракетоносной почты, майонеза в тюбиках, вместе взятых, — было телевидение. Теперь почти невозможно по достоинству оценить, каким желанным оказался телевизор.

В 1950 году у немногих семей были телевизоры. Сорок процентов американцев еще не видели ни одной передачи. Потом родился я, и страна сошла с ума (хотя эти два события, если быть точным, были не связаны между собой). К концу 1952 года телевизоры приобрели треть американских семей — двадцать миллионов или около того. Эта цифра была бы больше, если бы не то обстоятельство, что обширные сельские районы не имели приема (или даже электричества). В городах насыщение проходило значительно скорее. В мае 1953 года Юнайтед Пресс сообщало, что в Бостоне уже больше телевизоров (780 тысяч), чем ванн (720 тысяч), при опросах общественного мнения люди признавали, что будут лучше голодать, чем обходиться без телевизоров. Вероятно, многие так и делали. В начале 1950-х годов, когда заработок среднего рабочего составлял после вычета налогов менее 100 долларов в неделю, новый телевизор стоил 500*.

Телевидение было до того увлекательным, что швейная компания «Мак-Грегор» выпустила в его честь особую линию одежды. «С впечатляющим развитием телевидения миллионы американцев остаются дома, — отмечалось в рекламе компании. — В настоящее время в

* В 1959 году заработок (после вычета налогов) рабочего с семьей из четырех человек составлял 81,03 доллара в неделю, холостого рабочего — 73,49 доллара, хотя стоимость телевизоров к тому времени значительно снизилась (*примеч. автора*).

связи с такой революционизацией жизни «Мак-Грегор» революционизирует производство спортивной одежды. Смотрите ли вы или смотрят вас — к вашим услугам спортивная одежда, созданная под новым углом зрения».

Линию назвали «Видеос», и, рекламируя ее, компания подготовила иллюстрацию в виде картины в основательном и щедром на детали стиле Нормана Рокуэлла, изображавшую четырех атлетически сложенных молодых людей, удобно расположившихся перед включенным телевизором, на каждом новые, с иголочки, костюмы линии «Видеос» — двубортный пиджак в шотландскую клетку, всепогодная верхняя куртка, повседневная куртка из синтетической ткани с подобранными под пару слаксами, а для тех, кто хочет быть чуть понаряднее, — пестрая спортивная рубашка с отличной всепогодной курткой. Молодые люди на иллюстрации выглядели страшно довольными — телевизором, своими нарядами, белоснежными зубами и румяными лицами, словом, всем, — и их совсем не беспокоило, что предметы их одежды явно предназначены для прогулок на воздухе. Может, «Мак-Грегор» рассчитывал, что они будут стоять на клумбах соседей и смотреть телевизор сквозь окна, как это делали мы у дома мистера Кисслера. Во всяком случае, линия «Мак-Грегора» не имела большого успеха.

Как оказалось, люди не нуждались в особой одежде, чтобы смотреть телевизор. Им хотелось особой еды, и компания «С.А. Суонсон и сыновья» в Омахе в 1954 году вышла с идеальным продуктом: телевизионными ужинами (официально: «ужины телевизионной марки») — возможно, самой лучшей из плохой пищи, какая когда-либо производилась, и я утверждаю это с самой искренней похвалой. Телевизионные ужины представляли собой еду на разделенном на ячейки алюминиевом подносе. Требовалось лишь взять нож, вилку и капельку сливочного масла на картофельное пюре, и перед вами был полноценный ужин — занимательный температурный диапазон блюд, от чуть теплых (жареные цыплята) до обжигающих (суп и овощи) и все еще частично замороженных (картофельное пюре). Все блюда имели странный металлический привкус, но почему-то вполне приемлемый, возможно, просто из-за того, что были в новинку. Потом какой-то другой гениальный рационализатор произвел на свет особые складывающиеся подносики, с которых можно было есть, глядя телевизор, чем был положен конец тому времени, когда дети и взрослые по доброй воле садились за обеденный стол.

Разумеется, телевидение было не таким, каким мы его знаем теперь. Прежде всего, реклама встраивалась прямо в передачи, что придавало им подкупающую и бесхитростную прелесть. В «Бернс и Аллен», моей любимой программе, ведущий, которого звали Гарри фон Зелл, появлялся в середине передачи, не спеша направлялся на кухню Джорджа и Грейси и за кухонным столом принимался рекламировать сгущенное молоко «Гвоздика» («молоко от довольных жизнью коров»), тогда как Джордж и Грейси любезно ждали, когда он закончит, чтобы продолжать занимательный сюжет.

Чтобы никто не забывал, что телевидение — предприятие коммерческое, в названия программ зачастую щедро включались названия спонсоров: «Час комедии Колгейт», «Театр Люкс-Шульц», «Шоу Шеви («Шевроле»)», «Театр Дж. Е. («Дженерал электрик»)», «Вереница спортивных событий “Жиллетт”» или еще щедрее: «Ваш дилер “Кайзер-Фрейзер” представляет программу “Таинственные приключения”». Рекламодатели господствовали над передачами. Сценаристам, оплачиваемым фирмой «Кэмел», запрещалось писать о курящих сигареты злодеях, упоминать о пожарах, поджогах или о кашле по любой причине.

«Когда участник игры под названием «Доверяете ли вы своей жене?» ответил, что астрологический знак его супруги — Рак, — пишет в своей замечательной книге «Божья страна: Америка в пятидесятых» Дж. Рональд Оукли, — спонсирующая шоу табачная компания приказала эпизод переснять, заменив знак супруги на Овна». Еще более памятно: в передаче «Приговор в Нюрнберге» спонсор, «Американ газ ассосиэйшн», ухитрился изъять из сценария все упоминания о газовых печах и отравлении газом евреев.

И лишь одно превзошло страсть американцев к телевидению — это страсть к автомобилям. Никогда страна не была так помешана на машинах, как в 50-е годы.

Когда закончилась война, на дорогах Америки насчитывалось лишь тридцать миллионов машин, примерно столько же, сколько в 20-х годах, но вскоре дела пошли с большим размахом. В следующие четыре десятка лет, говоря словами одного из авторов «Нью-Йорк таймс», страна «замостила 42 798 миль автострады между штатами, приобрела триста миллионов машин и отправилась прокатиться». Число новых машин, купленных американцами, возросло с каких-то 69 тысяч в 1945 году до более пяти миллионов четыре года спустя. К середине 50-х американцы покупали восемь миллионов новых машин в год (это в стране, насчитывавшей примерно 40 миллионов семей).

Они не только хотели, но и *должны были* иметь. При президенте Эйзенхауэре Америка израсходовала три четверти выделенных федеральному транспорту долларов на строительство автомагистралей и менее одного процента на общественный транспорт. Если вы вообще хотели куда-нибудь попасть, вам все больше и больше требовалась собственная машина. К середине 50-х годов Америка уже становилась страной с двумя машинами на семью. Как ликующе говорилось в одной рекламе «шевроле»: «Семья с двумя машинами успевает сделать в два раза больше дел, и остается больше времени, чтобы отдохнуть вместе!»

А какие тогда были машины! Они выглядели, по словам одного комментатора, так, словно готовы были пуститься в пляс. «Понтиаки» выпускались с восьмицилиндровыми моторами и автоматической коробкой. «Крайслер» предлагал переключатель скоростей пауэрфлит и подвеску торшен-эр, а «шевроле» имел (держитесь за шляпу) удивительную штуку, которая называлась трехтурбинный турбоглайд. В 1958 году Форд изготовил «линкольн» более девятнадцати футов длиной. К 1961 году американский покупатель машины мог выбирать из более чем трехсот пятидесяти моделей.

Люди были так очарованы своими машинами, что едва ли не жили в них. Ели в ресторанах для автомобилистов, проводили вечера в кинотеатрах для автомобилистов, совершали банковские операции в банках для автомобилистов, оставляли свою одежду в химчистках для автомобилистов. Мой отец не хотел иметь дело ни с одним из этих заведений. Он не ел ни в одном ресторане, если там не было кабинок и салфеток под каждым прибором. (И не стал бы есть и в другом месте, где вместо кабинок и салфеток было что-то получше.) Так что я узнавал о заведениях для автомобилистов во время поездок с Рики Рамоном, у которого не было отца, но у мамы был красный «Понтиак Стар Чиф» с открывающимся верхом. Она страшно любила гонять на нем с опущенным верхом и включенной на полную мощность музыкой, посещала ресторан «A&W» далеко за городом на ярмарочной площади штата, и за это я любил ее. Уверен, что Рики был зачат в машине, возможно, между перекусываниями в «A&W».

К концу этого десятилетия на дорогах Америки бегало почти 74 миллиона машин — вдвое больше, чем десять лет назад. В Лос-Анджелесе было больше машин, чем во всей Азии, а «Дженерал моторс» стал более крупным экономическим объектом, чем Бельгия.

Телевидение и машины идеально сочетались. Телевидение показывало вам мир заманчивых вещей — атомные бомбы в Лас-Вегасе, красоток на водных лыжах в Сайпресс Гарденс во Флориде, парадные процессии в Нью-Йорке в День благодарения, а машины давали возможность попасть туда.

Никто не понял этого лучше Уолта Диснея. Когда он в 1955 году на 60 акрах земли близ никому не известного городишки Анахейм, в 23 милях от Лос-Анджелеса, открыл Диснейленд, люди подумали, что он выжил из ума. Это было пристанище бедняков, иммигрантов, сошедших на берег матросов и других людей низкого пошиба и с пустыми карманами. Но Диснейленд, разумеется, с самого начала был совсем другое дело. Во-первых, туда нельзя было добраться ни на каком виде общественного транспорта, так что люди со скромными средствами доехать туда не могли. Если же так или иначе они ухитрялись добраться до входа, все равно не могли позволить себе войти внутрь*.

---

* Думаю, о многом говорит тот факт, что автомобильная стоянка у Диснейленда, занимавшая 100 акров, была больше самого парка. На ней могло поместиться 12 175 автомашин — это почти совпадало с числом апельсиновых деревьев, вырытых при строительстве (*примеч. автора*).

Но Дисней мастерски использовал все, на что было способно телевидение. Еще за год до открытия парка он запустил телевизионный сериал, который, по существу, был еженедельной часовой рекламой предприятий Диснея. Программа первые четыре года так и называлась — «Диснейленд», и многие из сюжетов сериала, включая самый первый, были посвящены прославлению и возбуждению интереса к этому раю фантазии и радости, вырастающей из апельсиновых рощ на затянутой смогом окраине Калифорнии.

Люди не могли дождаться, когда откроется парк. В первые два года он привлекал по четыре с половиной миллиона посетителей. Средний посетитель, согласно журналу «Тайм», тратил за проведенный в Диснейленде день 4 доллара 90 центов: 2,72 доллара на аттракционы и за вход, 2 доллара на питание и 18 центов на сувениры. Сегодня эти суммы представляются вполне сносными, и трудно поверить, что тогда это было неприемлемо, — очевидно, эти цены ужасали. В первые два года, сообщал «Тайм», посетители парка Диснея больше всего жаловались на цены.

Из нашего штата в Диснейленд можно было съездить, если только отец у тебя работал хирургом, оперировавшим на мозге, или врачом-ортодантистом. Для всех остальных поездка считалась слишком далекой и дорогой. Мой отец страшно любил набивать нами машину и отправляться в дальние края, но только если поездки были недорогими, просветительскими и прославляли забытые страницы славного американского прошлого, предполагавшие кровопролитие, необычайные лишения или бешеные скачки. Катание в крутящихся чайных чашках по 15 центов за разок ни во что из этого не вписывалось.

Туристический сезон в нашем доме наступал в середине зимы, когда отец удалялся в свой кабинет и исчезал под огромной грудой дорожных карт, путеводителей, пахнущих плесенью томов американской истории и брошюр от удивленных и благодарных ему за интерес общин и землячеств, чтобы выбрать направление и цель нашего очередного летнего отпуска.

— Итак, слушайте все, — объявлял он, появляясь после пары вечеров изысканий. — Думаю, в этом году проедем по полям сражений малоизвестной «Войны Filipino Houseboys». — И оглядывал нас, словно ожидая бурного одобрения.

— Никогда не слыхала о такой, — осторожно замечала мама.

— Ну, это, скорее, была бойня, нежели война, — уступал он. — Закончилась за три часа. Но довольно удобно — в Хейстэксе находится Национальный музей сельскохозяйственных орудий. Там, кажется, больше семисот видов тяпок.

Говоря все это, он развертывал карту западных штатов и указывал на некоторые выжженные солнцем углы Канзаса или одной из Дакот, куда по доброй воле не заглядывал ни один посторонний. Почти всегда мы ездили на запад, но никогда так далеко, как до Диснейленда и Калифорнии, даже до Скалистых гор.

— Кроме того, в Вест-Уиндсоке есть музей паровых машин, — с довольным видом продолжал он, показывая брошюру, за которой никто не тянулся. — У них есть специальные двухдневные семейные билеты, получается совсем недорого. Билли, ты когда-нибудь видел паровое пианино? Что? Нет? Неудивительно. Такие мало у кого имеются!

Самым худшим в этих поездках были остановки на обратном пути в Омахе с целью навестить чудаковатых родственников матери. Омаха была тяжелым испытанием для всех, включая тех, кого мы навещали, так что я никак не мог понять, зачем мы туда ездим, но мы неизменно там останавливались. Может быть, моего отца привлекала мысль о кофе на дармовщинку.

Мать росла в необыкновенной бедности, в крошечном домишке, по существу, жалкой лачуге, рядом со знаменитыми огромными омахскими скотопригонными дворами. У дома был задний дворик, который заканчивался обрывом, и под ним, насколько мог видеть глаз (или так осталось в памяти), раскинулись подернутые дымкой скотопригонные дворы. Все коровы, пригонявшиеся сюда со всей округи, истерично мычали и, прежде чем превратиться в гамбургер, оставляли несколько жидких лепешек. Вы в жизни не вдыхали такого аромата, какой поднимался со дворов, особенно в жаркий день, и не слышали такого жалобного мычания. Неумолчного и оглушительного, не исходившего разве только из облаков. Это заставляло несколько месяцев потом задумываться, прежде чем взглянуть на мясные продукты.

Отец матери, добросердечный ирландский католик, которого звали Майкл Мак-Гуайр, всю взрослую жизнь работал за ничтожную зарплату на скотных дворах. Его жена умерла, когда моя мать была еще маленькой, и он вырастил пятерых детей без посторонней помощи. Большую часть работы по дому выполняли дети. В последний год в школе моя мать победила в городском состязании по произнесению речей и удостоилась награды — поощрительной стипендии в Университете Дрейка в Де-Мойне. Там она изучала журналистику, а летом работала в «Реджистере» (где познакомилась с моим отцом, молодым спортивным комментатором с широкой улыбкой и слабостью к ярким галстукам). Она больше не вернулась домой, в связи с чем, как мне казалось, чувствовала себя несколько виноватой. Ее младшая сестра Франсис со временем уехала и стала тихой, застенчивой монашкой. Отец их умер тоже молодым, оставив дом трем странно инертным братьям моей матери: Джои, Джонни и Лео.

Еще совсем маленьким я удивлялся, что мать и ее родные братья ведут начало от одного генетического корня. Думаю, что то же в какой-то мере чувствовала и мать. Мой отец называл братьев «тремя подставными клоунами», хотя такое определение, пожалуй, предполагает известную живость, радость жизни, не говоря уж о склонности забавлять, играя в гляделки и тыча сложенными вилкой пальцами, — нет, всего этого не было. Это были самые неинтересные человеческие существа, каких я когда-либо встречал. Они прожили всю жизнь в этом крошечном домишке, хотя там практически приходилось спать на одной кровати. Не знаю, чтобы кто-нибудь из них когда-нибудь работал или даже надолго выходил из дома. У младшего, Лео, была электрогитара и небольшой усилитель. Если его просили сыграть — а ничего другого он не желал делать, — он минут на двадцать удалялся в спальню, а потом эффектно появлялся в зеленом с блестками ковбойском костюме. Он знал только две песни, обе сопровождались одними и теми же аккордами и одним и тем же ритмом, так что, к счастью, его сольные концерты были непродолжительными. Джонни провел всю жизнь, сидя за голым столом и спокойно выпивая, — у него был фантастически красный нос, просто фантастически, — а у Джои не было никаких выделяющих его особенностей. Когда он умер, не думаю, чтобы кого-нибудь это тронуло. Думаю, что его тело просто скатили с обрыва. Как бы то ни было, когда мы бывали там, нам нечего было делать. Не помню, чтобы там был даже телевизор. Конечно, не было ни игрушек, ни футбольного мяча, который можно было бы погонять. Не хватало на всех даже стульев.

Спустя годы, когда умер Джонни, мать узнала, что у него была гражданская жена, о которой он никогда ей не говорил. Думаю, что, когда мы приезжали, эта жена сидела в чулане, или под полом, или где-нибудь еще. Неудивительно поэтому, что всегда чувствовалось — им очень хотелось, чтобы мы поскорее уехали.

Затем в 1960 году, как раз перед моим девятым днем рождения, произошло поистине неожиданное. Отец объявил, что у нас будет *зимний* отпуск, на рождественские праздники, но не сказал, где мы его проведем.

Выдалась необычная, но хорошая осень, особенно для моего отца. Видите ли, отец был лучшим бейсбольным комментатором своего поколения, и это действительно так. И осенью 1960 года, я думаю, он это доказал. Тогда как большинство комментариев были тяжеловесными или будто написаны восторженными, но минимально одаренными четырнадцатилетними любителями, он писал произведения, богатые мыслями, грамотные, в известной мере рассчитанные на искушенного читателя. «Складно и не крикливо», — бывало, говорил он с долей удовлетворения, вынимая из машинки последний лист. Никто не мог сравниться с ним в способности выдавать работу в самые сжатые сроки, и 13 октября 1960 года во время Мировой серии в Питтсбурге отец показал все, на что был способен.

Игра, о которой я хочу рассказать, закончилась одним из тех захватывающих моментов, которыми бейсбол, похоже, отличался в те дни: Билл Мазеровски из Питтсбурга на девятом иннинге послал мяч за пределы внутреннего поля, вырвав победу у «Янки» и чудом обеспечив ее занимавшим скромное место «Пиратам». Практически все газеты сообщили об этой новости в одинаково бесцветных добропорядочных, сбивающих с толку банальных выражениях. Вот, например, первый абзац помещенного на следующий день на первой полосе материала в «Нью-Йорк таймс»:

«Сегодня «Пираты» принесли Питтсбургу первое за 35 лет звание чемпиона Мировой серии, когда Билл Мазеровски на девятом иннинге послал мяч высоко над стеной левого поля исторической площадки Форбса».

А вот что прочитали жители Айовы:

«К концу дня в четверг самое почитаемое место на площадке Форбса скрылось под грязно-серыми спортивными куртками. Это, разумеется, была «домашняя база», откуда Билл Мазеровски завершил свой наэлектризовавший всех удар, послав мяч далеко за пределы площадки, тогда как судья Билл Джековски, раскинув руки, сдерживал своей широкой спиной толпу до тех пор, пока удар не был зачтен.

Рев толпы в этом старинном парке заглушил шум питтсбургских сталелитейных заводов, когда Мазеровски нанес сокрушительный удар со второй подачи питчера «Янки» Ральфа Терри в девятом иннинге. Когда мяч перелетел через увитую плющом кирпичную стену, люди хлынули с трибун. Обезумевшая толпа помешала Мазу коснуться базы после перебежки, что означало поражение высокомерных «Янки» 10:9 и принесло Питтсбургу звание чемпиона».

Имейте в виду, что материал писался не на досуге, а в шумной, отвлекающей внимание атмосфере переполненной ложи для прессы, под крики и вопли расходящихся после игры болельщиков. Ни одной мысли или удачной фразы (вроде «раскинув руки, сдерживал своей широкой спиной») не могло быть заготовлено заранее и потом мимоходом, небрежно вставлено в текст. Поскольку удар Мазеровски резко перевернул уверенные ожидания победы «высокомерных "Янки"», всем спортивным комментаторам пришлось отказаться от всего, что было задумано ранее, даже за удар до того, и все начать заново. Поищите, если хотите, но ни в одной подшивке вы не найдете лучшего отчета об игре Мировой серии, разве что в материалах моего отца*.

Но в то время я не имел об этом никакого представления. Все, что я знал, так это то, что отец вернулся с состязаний домой в необычайно хорошем настроении и открыл свои потрясающие планы взять нас на Рождество в поездку в какое-то таинственное место.

— Подожди. Вам понравится. Увидишь, — это все, что он говорил тому, кто спрашивал. Сама идея захватывала — мы были не из тех, кто делал что-нибудь так поспешно, неожиданно, *не по сезону,* — и лишала спокойствия по тем же причинам. Так что днем 16 декабря, когда моя начальная Гринвудская школа выпустила на заснеженные улицы счастливых сорванцов, положив начало трем славным неделям рождественского отдыха (а школьные каникулы в те дни, скажу вам, были вполне подходящими), семейный «рамблер», нетерпеливо и расточительно дымя, ждал перед домом, готовый тронуться в путь по заснеженным прериям.

Мы, как обычно, взяли курс на запад, у Каунсил Блаффс пересекли могучую Миссури и миновали Омаху. Ехали несколько дней по бесконечным равнинам мимо одного за другим соблазнительных отвлекающих

---

* Возможно, что я преувеличиваю — в конце концов, он мой отец, — но в 2000 году бывший президент «Эн-би-си ньюз», который вырос в Де-Мойне, писал в «Коламбия джорнализм ревью», что мой отец, первый Билл Брайсон, «возможно, был самым лучшим бейсбольным комментатором во все времена» (*примеч. автора*).

объектов — пунктов проката пони, лизунцов для бизонов, довольно большой скалы, — отец даже не удостаивал их осмотром. Мать начала понемногу беспокоиться.

На третье утро взгляд впервые поймал Скалистые горы, — впервые в жизни я увидел на горизонте что-то такое, что не было горизонтом. Мы перевалили через зубчатые горы на другую сторону. Выбрались в Калифорнию, в тепло, под солнышко, и неделю любовались ее чудесами — внушительными зарослями красного дерева, покрытой пышной растительностью Императорской долиной, Большим Лос-Анджелесом, — наслаждаясь странным солнечным теплом и возможностью ходить в декабре с голыми руками.

Я редко... что я говорю? Я никогда не видел отца таким щедрым и беззаботным. У стойки закусочной «Сент-Луис Обиспо» он предложил, нет, *уговаривал* меня взять большой пломбир с фаджем, и, когда я спросил: «Пап, ты *всерьез?*» — он ответил: «Давай-давай, живем только раз» — такого раньше не вылетало из его уст. Рождество провели, гуляя по пляжу в Санта-Монике, а на следующий день сели в машину и поехали на юг по скоростной автостраде через подернутую дымкой жаркую бесконечную неизвестность Лос-Анджелеса. Наконец припарковались на до смешного пустой громадной автостоянке — наша была одной из полдюжины машин, все из других штатов — и прошли несколько шагов до грандиозного входа. Там остановились и, сунув руки в карманы, стали разглядывать сказочные узоры кованых железных ворот.

— Ну, Билли, знаешь, что это? — без необходимости спросил отец: на свете не было ребенка, который не знал бы этих сказочных ворот.

— Это Диснейленд, — сказал я.

— Конечно же, — согласился он и со знанием дела посмотрел на ворота, словно сам заказывал их сооружение.

На минуту я подумал, что мы приехали только для этого — полюбоваться воротами — и через секунду вернемся в машину и поедем куда-нибудь еще. Но отец попросил нас подождать у ворот и решительно направился к кассе, где совершил быструю, но необыкновенно чудесную сделку. Единственный раз в жизни я видел, как кошелек отца опустел сразу на две 20-долларовые банкноты. Ожидая нас у окошка, он широко улыбнулся и легонько помахал рукой.

— У меня что, лейкемия или что-нибудь еще? — спросил я у матери.

— Нет, детка, — ответила она.

— Или у папы лейкемия?

— Нет, голубчик, у всех все хорошо. Просто у папы рождественское настроение.

Никогда в жизни, ни раньше, ни потом, я не был так поражен, так обрадован и счастлив, как в тот день. Парк фактически принадлежал нам. Мы попробовали всё: весело кружились в чайных чашках в человеческий рост, взбирались на борт летающей лодки, восхищались захватывающими воображение удобствами сделанного целиком из пластика Дома будущего в Стране Завтра, получили удовольствие от плавания на подводной лодке, на охотничьей лодке по реке, летали на ракете на Луну. (Кресла действительно тряслись. «Тпру!» — кричали все в испуге и восторге.) В те дни Диснейленд был чудом со значительно меньшим глянцем и маникюром, чем потом, но все же самым прекрасным местом, которое мне пришлось видеть, — по-моему, самым прекрасным из всех существовавших в то время в Америке. Отец, очарованный его опрятностью и благотворной атмосферой, не переставал риторически вопрошать: почему так не может быть устроен весь мир? «Но, разумеется, дешевле», — добавлял он, становясь самим собой и ловко увлекая нас от киоска с сувенирами.

На следующее утро мы сели в машину и отправились в тысячемильный путь через пустыню, горы и прерии в Де-Мойн. Это была долгая поездка, но все остались очень довольны. В Омахе мы не останавливались — даже не притормаживали, — а просто поехали дальше. И если есть лучший способ завершить каникулы, чем не останавливаться в Омахе, мне он не известен.

Глава 5

В ПОГОНЕ ЗА УДОВОЛЬСТВИЯМИ

В Детройте подавшая на развод миссис Дороти Ван Дорн жаловалась, что ее муж: 1) убирал все продукты в холодильник, 2) запирал холодильник, 3) заставлял ее платить за съеденные продукты и 4) взимал мичиганский 3-процентный налог на продажу.

Журнал «Тайм»,
10 декабря 1952 года

Немногочисленные развлечения, забавы были совсем другими в 1950-х, нежели сегодня. Возможно, и не здорово, что их было меньше. Но мы привыкали ждать удовольствия и ценить их, когда получали.

Моим самым приятным воспоминанием тех лет остается случай, который имел место в жаркий августовский день 1959 года, вскоре после того, как моя мать сообщила мне, что согласна отпустить меня на день с Мильтоном Мильтоном и его семьей на озеро Акуаби. Поверьте, это опрометчивое согласие *не* доставило мне никакого удовольствия, потому что Мильтон Мильтон был самым занудливым, самым отталкивающим, самым сопливым из моих сверстников, а его родители и сестра — еще хуже. Шумливые любители идиотских споров и глупых шуток, они во время еды раскрывали рты так широко, что виднелись их маленькие язычки и даже глубже. У мистера Мильтона был кадык размером с пробку от бутылки шампанского, а сам он разительно напоминал героя диснеевского фильма — пса Гуффи. Жена походила на него, но у нее было больше волос.

Их любимым угощением было пустить по кругу блюдо с Fig Newtons, единственным действительно отвратительным печеньем. Когда смеялись, то получали возможность показать, что представляет собой хорошо разжеванный Fig Newton в последние моменты перед забвением — черный, клейкий, противный. Провести час с Мильтонами было все равно что побывать во втором круге ада. Нет необходимости говорить, что я не раз испепелял их Громовидением, но они оказались удивительно неискоренимы.

Однажды на вечеринке, на которой, как оказалось, я был единственным гостем (или, возможно, единственным из приглашенных, кто пришел) и где я должен был остаться на ночь, миссис Мильтон заставила меня (повторяю: заставила) есть бефстроганов из копченого мяса на тосте — блюдо, очень похожее на блевотину, — и отправила спать в половине девятого, после того как Мильтон выдохся, изображая шестнадцать часов паровой экскаватор, и упал в обморок в середине фильма «Я разгадал тайну».

Так что, когда мать, в ее милом помешательстве, сообщила мне, что приговорила меня к еще одному сроку в их обществе, моему отчаянию не было границ.

— Скажи, что этого не будет, — заговорил я, беспокойно расхаживая кругами по ковру, — скажи, что это всего лишь очень дурной сон.

— А я думала, что Мильтон тебе нравится, — сказала мать, — ты же оставался у него на ночь.

— Мам, это была самая дурная ночь в моей жизни. Разве не помнишь? Миссис Мильтон заставила меня есть запеченную блевотину. Потом заставила пользоваться зубной щеткой Мильтона, потому что ты забыла положить мне мою.

— Неужели? — удивилась мать.

Я сдержанно кивнул. Она по ошибке положила туалетную сумку моей сестры. В ней было два завернутых в бумагу тампона и шапочка для душа, но ни щетки, ни обещанного по секрету полуночного пиршества не было. Остаток вечера я провел, барабаня тампонами по бесчувственной башке Мильтона.

— Никогда в жизни мне не было так скучно. Я тебе все это *рассказывал*...

— Разве? Честно говоря, не помню.

— Мам, я же чистил зубы щеткой Мильтона Мильтона после того, как он ел Fig Newtons.

Она сочувственно поморщилась.

— Пожалуйста, не заставляй меня ехать с ними на озеро Акуаби.

Она быстро учла мою просьбу.

— Хорошо, — сказала она. — Но боюсь, что тогда тебе придется поехать с нами навестить бабушку Гонзагу.

Гонзага была ростом шесть футов, ужасающей внешности и одной из многих наших родственниц-монашек с материнской стороны. В нашей семье долго подозревали, что вообще-то она мужчина. Всегда казалось, что под накрахмаленным одеянием скрывалась волосатая грудь. Летом 1959 года бабушка Гонзага умирала в местной больнице, хотя, если спросите меня, не слишком спешила. Хуже дня за городом с Мильтонами был лишь визит в Дом умирающих монахинь (я не уверен, что таким было настоящее название больницы).

Я грустно и покорно отправился на озеро Акуаби. Меня втиснули в древний миниатюрный «нэш» Мильтонов — машину с комфортом и изящной стремительностью переносного холодильника. Ожидал худшего и получил. Целый час мы отчаянно блуждали в непосредственной близости от здания Капитолия — невероятно для любой нормальной семьи, живущей в Де-Мойне, — пока наконец не добрались до Акуаби. Продолжая споры, разгрузили автомобиль и обосновались лагерем на тенистой поляне рядом с небольшим искусственным пляжем. Миссис Мильтон раздала сэндвичи с какой-то розовой пастой, похожей на дрянь (насколько я понял, не только похожей), какой моя бабушка прикрепляла к деснам зубные протезы. Я взял сэндвич, пошел пройтись и отдал его псу, который не пожелал иметь с ним дела. Даже кавалькада муравьев, как я заметил позже, обходила его за три фута.

Поев, мы должны были сорок пять минут посидеть спокойно, прежде чем пойти купаться, дабы не утонуть в шести дюймах воды. Миссис Мильтон определяла это время по хронометру для варки яиц и советовала до купания закрыть глаза и вздремнуть.

Далеко от берега была закреплена на якоре большая деревянная платформа, на которой стояла невероятно высокая вышка для ныряния — своего рода деревянная Эйфелева башня. Она, я уверен, являлась самым высоким деревянным сооружением в Айове, а то и на всем Среднем Западе. Платформа стояла так далеко, что до нее почти никто не доплывал. Лишь изредка на нее забирались какие-нибудь юные сорванцы, чтобы поглядеть с вышки. Они карабкались по лестнице на верхнюю площадку и осторожно подползали к краю, но всегда отползали назад, увидав убийственное расстояние до воды. Я не видел никого, кто бы прыгнул с вышки.

Посему было большой неожиданностью, когда после просигналившего о нашем освобождении звонка яичного хронометра мистер Мильтон вскочил на ноги, замахал руками и заявил, что намерен нырнуть с вышки. В свое время мистер Мильтон был чемпионом по прыжкам в воду в Линкольнской средней школе, о чем он неизменно сообщал каждому, кто задерживался в его обществе больше трех минут. Но это была десятифутовая вышка в закрытом помещении. Акуаби находился совершенно в другом измерении. Было ясно, что мистер Мильтон тронулся умом, но миссис Мильтон была на удивление спокойна. «Хорошо, милый, — лениво ответила она изпод нелепой шляпы, — я сделаю тебе Fig Newton, когда вернешься».

Когда мистер Мильтон забрел в воду и ровными взмахами поплыл к платформе, молва о безумном намерении похожего на Гуффи мужчины уже разнеслась по пляжу. Когда он доплыл, то превратился в крошечную фигурку, но даже на таком расстоянии площадка для прыжков как будто высилась над ним на сотни футов — казалось, она почти доставала до облаков. Мистеру Мильтону потребовалось по крайней мере двадцать минут, чтобы зигзагами подняться наверх. Забравшись, он стал прохаживаться взад и вперед по необычайно длинной доске — она была нужна, чтобы продлить площадку за пределы находившейся далеко внизу платформы, — два-три раза для пробы подпрыгнул, потом несколько раз глубоко вдохнул и наконец занял стойку на закрепленном конце доски, опершись в бока руками. По его позе и уверенному поведению было видно, что он собирается прыгнуть.

К этому времени все, кто загорал на пляже и бултыхался в воде — всего несколько сот человек, — стали молча наблюдать. Мистер Мильтон стоял довольно долго, затем несколько театрально поднял руки, как безумный помчался по доске — вообразите олимпийского гимнаста, со всей мочи бегущего к трамплину, и вы получите какое-то представление, — сделал мощнейший толчок и высоко взлетел в идеальном лебедином полете. Должен сказать, зрелище было изумительное. Он с безукоризненной грациозностью летел, казалось, долгие минуты. Момент был до того прекрасен, что следившая за полетом толпа затаила дыхание, и слышался лишь свист воздуха, рассекаемого падающим телом. В моем воображении спустя какое-то время оно стало светиться красным светом, будто летящий к земле метеор. Это было действительно волнующее зрелище.

Не знаю, что произошло, — то ли у него сдали нервы, то ли он понял, что приближается к воде с убийственной скоростью, то ли, пролетев три четверти пути, он передумал, — но Мильтон ни с того ни с сего принялся дергаться, словно запутался во сне в одеяле. Не долетев до воды футов тридцать, он перестал дергаться и прибегнул к новому приему — широко растопырил руки и ноги, на манер буквы «Х», видно надеясь, что, максимально увеличив поверхность, замедлит падение.

Не замедлил.

Мильтон ударился о воду со скоростью свыше 600 миль в час и с таким всплеском, что за три мили от места падения взлетели птицы с деревьев. При такой скорости вода становится твердым телом. Не думаю, что Мильтон вообще вошел в нее, он просто отскочил футов на пятнадцать, конечности его вдруг обмякли, и тело, слегка вращаясь, поплыло по поверхности, как осенний лист. Двое рыбаков отбуксировали Мильтона-старшего к берегу, полдюжины зевак перенесли его на траву и осторожно положили на старое одеяло. Здесь он, лежа на спине и еле шевеля руками и ногами, провел оставшуюся часть дня. Весь перед, от лысеющей головы до пальцев на ногах, выглядел так, будто с него содрали кожу или, по несчастью, он попал под шлифовальный станок. Время от времени он маленькими глотками пил воду, но был слишком травмирован, чтобы говорить.

В тот же день Мильтон-младший порезался ножом, который ему приказали ни в коем случае не трогать. Ему было больно, да еще попало. Этот день вспоминаю, как лучший в моей жизни.

Предыдущим лучшим днем в моей жизни был день, когда мистер Сипкович, наш учитель, которого мы недолюбливали, лизал «бревно Линкольна».

«Бревна Линкольна» были игрушечными деревянными бревнами, из которых можно строить форты, ранчо, здания банков, загоны для скота и многие другие интересные и полезные для ковбоев сооружения. Так было нарисовано на цилиндрической коробке. В действительности же имевшихся материалов хватало только-только на постройку одной маленькой прямоугольной хижины с дверью и одним окном.

С Бадди Доберманом мы сделали открытие: если пописать на «бревна Линкольна», то можно обесцветить их добела. В результате за несколько недель мы соорудили первую в мире хижину-альбинос, которую принесли в школу как экспонат выставки о ранних годах Абрахама Линкольна. Естественно, мы отказывались говорить, каким способом сделали бревна белыми, предлагая ученикам и учителям посмотреть внимательнее и найти разгадку.

— Держу пари, что лимонным соком, — сказал мистер Сипкович, моложавый, нахальный, не любимый всеми. Он питал вкус к дешевым кричащим галстукам и целый семестр выделялся тем, что был в Гринвуде единственным мужчиной среди учителей. Прежде чем мы смогли его остановить, он выстрелил своим длинным, как у ящерицы, языком и со вкусом лизнул самое длинное бревно на задней стене, которое мы подготовили только утром, так что оно еще было слегка сыроватым. — Я чувствую вкус лимона, верно? — произнес он, окидывая нас довольным многозначительным взглядом.

— Не верно!!! — закричали мы, и он попробовал снова.

— Нет, это лимон, — настаивал он. — Я чувствую терпкий привкус. — Он лизнул еще раз, смакуя с таким сосредоточенным упоением, что мы подумали, что у него приступ и он вот-вот опрокинется навзничь, но это была всего лишь его манера изображать наслаждение. — Определенно лимон, — просияв, заключил он и, глубоко удовлетворенный, вернул нам хижину.

Непрошеное лизание мистера Сипковича, разумеется, доставило удовольствие, но подлинной радостью было осознание того, что мы стали первыми мальчишками в истории, которые по-настоящему позабавились «бревнами Линкольна», ибо «бревна Линкольна» были очень бессмысленными и скучными — характерная черта почти всех игрушек того времени.

Трудно назвать самую глупую или вызывающую разочарование игрушку 50-х годов, поскольку большинство из них было либо тем, либо другим, не считая тех, что относились к тому и другому. Из последних мне на ум всегда приходит «глупая Патти» — маслянистый сгусток пластика, который только и мог, что беспорядочно подпрыгнуть около дюжины раз, а потом закатывался куда-нибудь в водосточную канаву.

Другие, возможно, сделали бы выбор в пользу величаво неинтересного «мистера Картофельная Голова» — коробки из пластмассовых частей, дававших возможность детям подтвердить истину, что даже с ушами, конечностями и дурацкой улыбкой неживая картофелина остается неживой картофелиной.

Негативные чувства вызывал и скрученный в спираль проволочный Слинки, способный кувыркаться вниз по ступеням лестницы, а больше ни на что не годный. Он, правда, несколько оправдывал свое существование: если кто-то держал один конец — всегда хорошо подходил для этого Лампи Ковальски, — ты растягивал другой аж через улицу и даже поднимался на прилегающую горку, а потом отпускал, то Слинки стрелял как пушечное ядро. Во многом это же относилось и к хулахупам, абсолютно бесполезным кольцам, имевшим одну ценность — ими можно было ловить проходивших мимо малышей.

Больше всего говорит о скромном в то время выборе удовольствий, пожалуй, тот факт, что в моем детстве самыми популярными считались конфеты из воска. Делали их в виде восковых зубов, восковых бутылочек, восковых бочонков и восковых черепов, наполненных небольшим количеством подкрашенного сиропа, очень напоминавшего тот, что от кашля. Ты проглатывал его если не с удовольствием, то с интересом, а потом дальнейшие десять-одиннадцать часов жевал воск. Вы, возможно, подумаете, что в нашем представлении об удовольствии было что-то не так, если ты платил живые деньги, чтобы жевать бесцветный и безвкусный воск, и вы, возможно, были бы правы. Но мы жевали, и нам нравилось, потому что не знали лучшего. Но надо заметить: мы ели что-то без запаха, вкуса и совсем непитательное, и в этом было что-то полезное для здоровья и умеренное.

Можно было попробовать искусственное мороженое, изготовленное из какого-то рассыпчатого, похожего на мел вещества; соломку с хрустящим на зубах сахаром, невыносимо кислым; рут-бир, шипучий напиток из корнеплодов, приправленный мускатом; обжигающие рот коричные шарики; лакричные конфетки; конфеты, похожие на жирных червей; плотные, как резина, конфетки со вкусом непривычных (и неприятных) фруктов, но ценные тем, что сосать их можно было целых три часа (и еще три часа выковыривать из зубов клейкие остатки, иногда вместе с пломбами); твердую (можно сломать челюсть) карамель, ценную тем, что ее можно было сосать до трех месяцев, и состоявшую из разноцветных слоев, придававших языку интересные оттенки по мере того, как ты сосал один чешуйчатый слой за другим.

В «Бишопе» у кассовых аппаратов держали богатый ассортимент пенсовых конфеток, можно было также купить очень вкусное лакричное лакомство, известное под нежным названием «негритята», хотя никто не называл его так, кроме моей бабушки. Время от времени она приезжала к нам из Уинфилда, где жила, и мы обедали в «Бишопе». Она совала мне в руку 25-центовик на конфеты, которыми мы с ней потом лакомились.

— И не забудь взять **НЕГРИТЯТ**! — к моему глубокому стыду, кричала она через огромный, полный народу зал. Сотни людей отрывались от тарелок.

Спустя пять минут, когда я в тщетной попытке избежать чужих взглядов, крадучись вдоль стены, возвращался на место, она высматривала меня, восклицая:

— А-а, вот ты где, Билли! Не забыл взять **НЕГРИТЯТ**? Эти... **НЕГРИТЯТА** мне очень нравятся!

— Бабушка, — горячо шептал я, — нельзя так говорить.

— Что нельзя говорить — **НЕГРИТЯТА**?

— Да. Надо говорить «лакричные бэби».

— «Негритенок» звучит несколько оскорбительно, — поясняла мама.

— Ой, прости, — говорила бабушка, восхищаясь деликатностью горожан.

Потом, когда мы в следующий раз шли в «Бипоп», она говорила:

— Билли, вот тебе 25-центовик. Ступай купи... как их там? **ЛАКРИЧНЫХ НЕГРИТЯТ!**

Другим местом, где продавались дешевые конфеты, была небольшая бакалейная лавка «Гранд» на Ингерсолл-авеню — одно из последних мест в городе, где отец с матерью были постоянными клиентами. Ее содержала очень пожилая пара, вызывающая восхищение своей скрупулезностью, — мистер и миссис Гранд. Ассортимент не обновлялся примерно с 1929 года, и можно было отыскать товары, которых не видели в мире розничной торговли со времен привлекательной Глории Суонсон: отбеливатель «Отайн», мыло «Фелз-Нафта», коробки укрепляющего средства для волос из корней дикорастущих растений с фотографией Джо Э. Брауна. Все, включая миссис Гранд, было покрыто толстым слоем пыли. Думаю, она за несколько лет до того умерла. Однако мистер Гранд был полон жизни и радовался, когда над дверью звонил колокольчик, возвещавший появление новых покупателей, даже если это были мальчишки и даже если они являлись с одной нехорошей целью: украсть из огромных старых запасов дешевых конфеток.

Возможно, это самое позорное пятно на моем детстве, но я разделяю этот позор с двенадцатью тысячами других бывших мальчишек. Каждый знал: у Гранда можно стащить и не попасться. По субботам здесь бывали ребятишки со всего Среднего Запада, некоторые приезжали на заказных автобусах, если я правильно помню, сделать запасы на выходные. Мистер Гранд невозмутимо не замечал такого дурного поведения. Можно снять с него очки, развязать галстук, потихоньку снять штаны, и он ничего бы не заметил. Иногда мы немножко покупали, но лишь для того, чтобы он отвернулся и занялся старым кассовым аппаратом, а тем временем сотни шустрых рук ныряли в большущие банки с конфетами. Некоторые из ребят постарше просто таскали банки. И все же мы скрашивали его дни, пока окончательно не разорили.

Конфеты доставляли настоящее удовольствие. Большинство же вещей, которые, считались забавами, совсем не забавляли. Например, изготовление моделей. Занятие представлялось страшно увлекательным, но в действительности было непостижимо тяжелым испытанием, через которое тебе предстояло пройти в отрочестве. Конечно, наборы для сборки моделей всегда *выглядели* интересно. На коробках во всех деталях изображались ожесточенные воздушные бои извергающих красные и желтые вспышки великолепных истребителей. На заднем плане всегда рисовали падающий по спирали сбитый «мессершмит». В кабине — испуганная физиономия выкрикивающего проклятия немца. Вам не терпелось воссоздать эти живые сцены в трехмерном изображении.

Но когда приносили набор домой и открывали коробку, содержимое оказывалось одинакового свинцово-серого или оливково-зеленого цвета, состояло из шестидесяти тысяч крошечных деталей, некоторые из них не больше протона, все прикреплены, так что не оторвать, к похожим на палочки для помешивания коктейлей пластмассовым ножкам. Тюбики с клеем, напротив, были размером с большие тубы со сдобным тестом. Как бы осторожно вы его ни выдавливали, оттуда вылетало около пинты чего-то прозрачного, волокнистого и клейкого, единственной способностью которого было прикрепиться к чему-нибудь постороннему — пальцу, портьере, шерсти проходящего мимо животного — и вытянуться в бесконечную нить.

Всякая попытка порвать клейкую нить приводила к созданию новых нитей. В считаные минуты тебя опутывали сотни свисающих нитей, не имеющих никакого отношения ни к моделям самолетов, ни ко Второй мировой войне. Занятно, что единственное, к чему не приставал клей, были пластмассовые детали модели; на них он становился скользкой смазкой, детали можно было бесконечно тереть друг о друга, но клей ни за что не высыхал. В результате после минут сорока напряженных, мучительных усилий ты и твое ближайшее окружение опутывались блестящей клейкой паутиной, а в середине — серый фюзеляж с прикрепленным вверх ногами одним крылом и летчиком с наглухо прилипшим к кабине шлемом. К счастью, к этому времени ты до того запутывался в клею, что тебе было уже наплевать на пилота, на модель и на все остальное.

Действительно интересным в играх и игрушках в 50-е годы являлось то, что ты не мог предугадать, в чем разочаруешься. Создатели рекламы никогда не были такими ловкими. Они могли представить любую безделицу как нечто фантастическое. Никогда — ни раньше, ни потом — торговые приманки не были такими льстивыми и способными внушить оргастическое наслаждение при виде простых вещей. Даже сегодня я мысленно вижу рекламные объявления в журнале «Бойз лайф» («Мальчишеская жизнь») компании «А.С. Гильберт» из Нью-Хейвена, штат Коннектикут, обещающие громадную пользу и удовольствие от ее оригинальных наборов химических реактивов, микроскопов с принадлежностями и всемирно известных Наборов строителя сооружений. Эти последние были свинчивающимися миниатюрными деталями, от маленьких стальных балок до других важных компонентов, из которых создавались всевозможные технические чудеса: мосты, промышленные подъемники, ярмарочные карусели, механические роботы. Это не были вещи, которые вы строили на столе и, заканчивая играть, убирали в ящик стола. Это были изделия, требовавшие прочного основания и очень много места. Я почти уверен, что на одном из рекламных изображений был показан мальчик, стоящий на верху двадцатифутовой лесенки и заканчивающий строительство чертова колеса.

В рекламе не говорилось, что только шесть человек на планете — предположительно внуки А.С. Гильберта — располагали достаточными средствами и имели достаточно просторные особняки, чтобы получать удовольствие от рекламировавшихся наборов. Вспоминаю, что как-то на Рождество отец, взглянув на ценник выставленного в секции игрушек «Йонкерса» огромного сооружения, воскликнул: «Ну и ну, за эти деньги можно купить «бьюик»!»

Потом он стал наугад останавливать проходивших мимо мужчин, и скоро образовался небольшой клуб удивленных. Так что я довольно рано узнал, что никогда не получу Набор строителя сооружений.

Вместо этого я стал лоббировать набор химических реактивов, который видел в привлекательном двухцветном изображении на двухстраничном развороте «Бойз лайф». Согласно рекламе, этот отличный, основанный на передовой науке набор давал мне возможность проводить увлекательные опыты в области атомной энергетики, смущать мир взрослых, пользуясь невидимыми чернилами, в совершенстве овладеть ФБРовской техникой работы с отпечатками пальцев и создавать разнообразные зловония. (Вообще-то вони не обещали, но она само собой подразумевалась в каждом наборе химреактивов.)

Набор, когда его открыли утром на Рождество, был размером всего с коробку сигар (тот, что изображался в журнальной рекламе, примерно с пароходную трубу), но, должен сказать, там были искусно уложены довольно интересные вещи: пробирки и к ним изящная подставка, воронка, пинцет, пробки, около двадцати склянок с цветными химреактивами (у некоторых из них — многообещающе дурной запах) и пухлая брошюра с инструкциями. Надо ли говорить, что я сразу уткнулся в страницу, где говорилось об атомной энергии, рассчитывая к вечеру получить над письменным столом собственное маленькое грибовидное облако. На деле же, насколько я помню, в книжке говорилось, что все вещества состоят из атомов и что все атомы заключают в себе энергию, поэтому *всё* обладает атомной энергией. Поместите в мензурку любые два вещества — всего лишь любые два вещества, — встряхните, и алле-гоп! — вы получили атомную реакцию.

Все опыты оказались более или менее такими. Только один, моего собственного изобретения, был ни на что не похож. Он состоял в том, что я смешал все имевшиеся в наборе реактивы с чистящим порошком «Баббо», скипидаром, содой для теста, двумя ложками перца и изрядной порцией лосьона для бритья. При соединении смесь моментально увеличилась в объеме в тысячу раз и стала стекать по бокам мензурки на наш новенький кухонный стол, где сразу зашипела, затрещала и задымилась, оставляя на поверхности розоватый след, который станет постоянной загадкой и источником огорчений для отца. «Никак не пойму, — говорил он, разглядывая край стола, — должно быть, неправильно составил шпаклевку».

Однако самой плохой игрушкой десятилетия, возможно, самой плохой вообще, был электрический футбол, игра, которую каждый мальчуган 50-х получал в качестве рождественского подарка. Она состояла из коробки с увлекательными, но вводящими в заблуждение картинками, жестяной доской размером с поднос, выкрашенной в виде поля американского футбола. При включении доска усиленно вибрировала, заставляя двадцать два маленьких человечка неуклюже и неистово метаться по полю. Чтобы настроить игру, требовалась уйма времени, потому что человечки были хилыми и непрестанно падали, а ты постоянно спорил со своим противником, какое расположение игроков является правильным и кому достанется право поставить последнего игрока, поскольку ясно, что предпочтительнее подождать последнего момента, а потом внезапно двинуть своих к боковой линии. Это всегда заканчивалось ожесточенными спорами и сбиванием щелчками лучших игроков противника, порой неоднократно.

Да и вряд ли имело значение, как расставлены игроки, потому что электрические футболисты никогда не двигались в нужном направлении. На практике половина игроков тут же падала, судорожно дергаясь, словно у них расстроились животы, тогда как остальные разбегались в разные стороны или сбивались в кучу где-нибудь в углу, будто посетители ночного клуба перед запертыми дверьми во время пожара. Единственным исключением становился задний бегущий, трясущийся на месте пять-шесть минут, затем медленно разворачивавшийся и бежавший в противоположный конец зоны, пока его не сбивал щелчком расстроенный игрок, вызывая новые пререкания.

К этому времени вы выключали электричество, поправляли все попадавшие фигурки и вновь принимались за мучительный процесс расстановки. Очень быстро один из вас говорил: «Знаешь, давай лучше пойдем постучим по Лампи Ковальскому растянутым Слинки». Ты засовывал игру под кровать и больше к ней не притрагивался.

Единственное, что захватывало, это книжки комиксов. На дворе стоял золотой век рисованных картинок. В середине десятилетия их выпускали почти по миллиону в месяц. Невозможно представить, какую важную роль они играли в жизни юного поколения страны — и многих, кто давно вышел из юношеского возраста. Один из опросов того времени показывал, что не менее 12 % учителей тоже были прилежными читателями комиксов. (И это только те, кто сознался в этом.)

Малыш по прозвищу Молния, я читал комиксы так же, как врачи читали «Медицинский журнал Новой Англии», — чтобы быть в курсе новинок в своей области. Но в любом случае и без профессиональной необходимости я был непрочь поддержать таким образом свои сверхъестественные способности.

Но едва мы вошли во вкус, наступил кризис. Оказавшись в тисках между ростом производственных расходов и конкуренцией со стороны телевидения, сбыт комиксов заколебался. Многие ребята подумали: если можно смотреть Супермена и Зорро по телевидению, то зачем обременять себя чтением слов на странице? Индустрии комиксов был нанесен едва ли не смертельный удар. За два года количество названий упало с шестисот пятидесяти до всего лишь двухсот пятидесяти.

Издатели комиксов предприняли отчаянные шаги, пытаясь возродить интерес. Героини вдруг стали бесстыдно сексуальными. Помню, как при первом взгляде на Асбестовую Женщину с могучими чреслами, чьи груди размером с пушечные ядра едва помещались в угольничках бюстгальтеров, я неожиданно почувствовал в известной части тела весьма приятное тепло.

Но в новый век чувствам не находилось места. В одном из выпусков «Баки» юного помощника Капитана Америки ранили, и он попал в больницу. Больше мы о нем не слышали. Умер ли он, или с трудом поправился, а последние годы провел в кресле-коляске? Мы этого не знали и даже не задумывались. Вместо него Капитану Америке стала помогать длинноногая красотка, названная Золотой Девой, к которой скоро добавились Солнечная Дева, Леди-Лотос, черноволосая Леди-Призрак и другие обольстительные особы женского пола.

Ничто хорошее не вечно. Доктор Вертхэйм, нью-йоркский психиатр немецкого происхождения, положил начало открытой кампании за избавление мира от пагубного влияния комиксов. В страшно популярной, пугающе влиятельной книге, озаглавленной «Совращение невинных», он утверждал, что комиксы способствуют насилию, преступности, наркомании и безудержной мастурбации, хотя, по-видимому, не всего сразу. Он мрачно замечал, как один мальчик, с которым он беседовал, признался, что после чтения комиксов ему «хотелось стать сексуальным маньяком», не обращая внимания на то, что у большинства мальчишек слова «секс», «мания» и «хотеть» спокойно уживались, будь то с помощью комиксов или без оных.

Вертхэйм видел секс буквально во всем. Он обращал внимание на то, как на одном рисунке комикса, если повернуть его под определенным углом, тень на плече мужчины выглядела совсем как женские половые органы. (Фактически так оно и было.) Вертхэйм также известил о том, что было известно большинству из нас, но что мы признавали неохотно: многие из супергероев были не в полном смысле мужчинами, такими, кто, скажем, целовались бы с девушками. Он, в частности, выделял Бэтмена и Робина как «мечту живущих вместе гомосексуалистов». Обвинение неопровержимое. Достаточно было посмотреть на их джинсы.

Слава и влияние Вертхэйма упрочились после того, как он дал показания в сенатском комитете, рассматривавшем рост преступности несовершеннолетних. Как раз в тот год балтиморский психолог Роберт Линдер высказал соображение, что современные подростки страдают «своего рода коллективным душевным расстройством» по причине рок-н-ролла. А теперь Вертхэйм возлагал вину за их прискорбные недостатки на комиксы.

«К 1955 году, согласно Джеймсу Т. Паттерсону, тринадцать штатов приняли законы, регулирующие издание, распространение и продажу книжек комиксов». Встревоженная и опасающаяся дальнейшего регулирующего щелканья хлыстом, индустрия комиксов уменьшила количество грудастых красоток, кровавой резни, двусмысленных теней и всего остального, что увлекало. Это явилось жестоким ударом.

«Кораль малышей» стал наполняться успокаивающими, усыпляющими комиксами, уделяющими особое внимание Арчи и Джагхеду (Болвану), и героями Уолта Диснея вроде Дональда Дака и его племянников Хьюи, Дьюи и Льюи, которые носили рубашки и шляпы, но абсолютно ничего ниже пояса, что тоже не было правильно и страшно полезно. «Кораль малышей» стал привлекать девочек, которые сидели, словно за званым чаепитием, болтая о последних выпусках Крошки Лулу и Каспера — Доброго Духа. Один полный идиот положил туда даже классические комиксы, где излагались известные литературные произведения. Разумеется, их сразу отбрасывали прочь.

Не стоит говорить, что я испарил Вертхэйма, но слишком поздно. Удовольствие стало доставаться с большим, чем когда-либо, трудом, а необходимое больше всего и доставалось всего труднее. Я, конечно, веду речь о вожделении. Но об этом другой разговор и другая глава.

Глава 6

ЗАПРЕТНАЯ ТЕМА

Лондон, Англия (Ассошиэйтед Пресс). — В среду присяжные Высокого суда по иску в диффамации против лондонской «Дейли миррор» присудили в пользу эстрадного артиста Либераче в качестве компенсации ущерба 8000 фунтов (22 400 долларов). После трех с половиной часов обсуждения присяжные пришли к решению, что в опубликованном в «Миррор» в 1956 году материале журналиста Уильяма Н. Коннора подразумевалось, что пианист был гомосексуалистом. Среди фраз, на которые он ссылался в своем иске, было данное ему Коннором определение «все, что он, она или оно может хотеть». Он также называл артиста «приправленным запахом фруктов».

«Де-Мойн реджистер»,
18 июня 1959 года

В 1957 году перед очами жаждущего населения страны предстал фильм «Пейтон-плейс», самая «жареная» картина за долгие годы, по крайней мере киноафиши прямо кричали об этом, и моя сестра решила, что нам следует посмотреть его. Почему я должен был стать непременным участником сего зрелищного предприятия, не знаю. Возможно, в качестве своего рода алиби. Вероятно, единственным временем, когда сестра могла ускользнуть из дома, было время, когда ей поручали присмотреть за мной. Мне сказали, что в субботу после обеда мы пойдем в кинотеатр «Ингерсолл» и чтобы я никому не говорил. Это было очень интересно.

По пути сестра объяснила, что многие из действующих лиц — возможно, все — будут заниматься сексом. В то время она была самым важным авторитетом в мире по этому вопросу, по крайней мере для меня. Она особенно специализировалась в распознавании гомосексуалистов среди знаменитостей. Сал Минео, Энтони Перкинс, Шерлок Холмс и доктор Ватсон, Бэтмен и Робин, Чарльз Лоутон, Рандольф Скотт, разумеется, Либераче и человек в третьем ряду оркестра Лоуренса Уэлка, который, на мой взгляд, был совершенно нормальным, — все они были раскрыты ее проницательным взглядом. О том, что Рок Хадсон был геем, она сообщила мне в 1959 году, задолго до того, как об этом догадались другие. Она знала, что Ричард Чемберлен был геем, думаю, еще до того, как он им стал. Какое-то сверхъестественное чутье.

— Знаешь, что такое секс? — спросила она, когда мы шли по лесу, пробираясь по узкой тропинке между деревьями. Погода стояла холодная, и я отчетливо помню, что на сестре было новенькое красное шерстяное пальто и ворсистая белая шляпа с завязанными под подбородком ленточками. Выглядела она шикарно и казалась мне взрослой.

— Нет, не думаю, — сказал я что-то вроде этого.

Сестра, серьезно и тщательно выбирая слова, дала понять: сведения о сексе — конфиденциальные и не подлежат оглашению. Хотя ей в то время было всего лишь одиннадцать, мне казалось, ее знания были, пожалуй, чуть ли не энциклопедическими. Во всяком случае, суть дела, как я понял, заключалась в том, что мужчина вставлял свою штуку в женскую штуку, оставлял там на короткое время, и у них появлялся младенец. Помню, я неуверенно размышлял, что это за неназванные конкретно штуки — его палец в ее ухе? Его шляпа в ее картонке? Кто мог сказать? Во всяком случае, они занимались этим, уединяясь, нагишом, и следующее, о чем было известно, — они становились родителями.

Говоря по правде, мне было безразлично, как делают младенцев. Куда больше возбуждало, что мы ушли втайне от родителей, шли через лес — более или менее безграничный «Шварцвальд», раскинувшийся между Элмвуд-драйв и Гранд-авеню. В шесть лет не часто отваживаешься зайти в лес, поиграть немножко в войну, не теряя из виду улицу, и потом выйти наружу (обычно после того, как Бобби Стимсон натыкался на ядовитый сумах и заливался слезами), радуясь — откровенно говоря, с большим облегчением — чистому воздуху и солнышку. Лес лишал спокойствия. В лесу было душно, звуки доносились по-другому. Можно было войти в лес и не вернуться обратно. Никто, разумеется, не собирался ездить по нему, как по главной улице. Он был слишком огромен для этого. Так что, когда тебя вел по нему кто-то уверенный, шикарно выглядевший и доверительно говорил о вещах, пускай в основном не имевших для тебя смысла, все это было до того захватывающим, что не выразить словами. Бóльшую часть пути я восхищался темным величием леса, не прекращая вполглаза поглядывать — не видно ли пряничных избушек и нет ли волков.

Больше того, когда мы дошли до Гранд-авеню, сестра вывела меня по тайной тропинке между двумя жилыми домами и по задворкам аптеки-закусочной Баудера на Ингерсолл — мне никогда не приходило в голову, что у аптеки были задворки, — и мы вышли почти напротив кинотеатра. Это было так невероятно, что я не мог поверить. Поскольку Ингерсолл — оживленная улица, сестра взяла меня за руку и со знанием дела перевела на другую сторону — еще одна невозможная для меня вещь. Не думаю, чтобы я когда-нибудь так гордился обществом другого человека.

У окошка кассы, когда продававшая билеты женщина заколебалась, сестра сказала ей, что у нас в Калифорнии есть кузен, который играет в фильме, и что мы обещали матери, важной деловой женщине («знаете, она обозреватель в «Реджистере»), посмотреть фильм и потом ей все рассказать. Возможно, прозвучало не очень убедительно, но у сестры было ангельское личико, превосходная манера держаться и такая бесхитростная ворсистая шляпка, что, принимая во внимание все вместе, было невозможно не поверить. Так что кассирша после минутного замешательства впустила нас. Я еще больше гордился своей сестрой.

После такого приключения сам фильм был своего рода разрядкой, особенно после того, как сестра сказала мне, что ни в фильме, ни в Калифорнии у нас нет никакого кузена. Никто не ходил голышом, никаких пальцев в ушах или шляпных коробках или чего-нибудь еще. Только множество грустных людей, разговаривавших с абажурами и занавесками. Я вышел и запер кабинки в мужской уборной, хотя и здесь, к некоторому разочарованию, их было только две.

Вскоре мне невольно представился случай, проливший немного больше света на вопрос секса. Вернувшись в субботу с улицы и не найдя матери на привычном месте, я импульсивно решил заглянуть к отцу. В тот день он вернулся из долгой поездки на Западное побережье — насколько помню, с игры Мировой серии между «Уайт Сокс» и «Доджерами», — и у нас с ним осталось много невыполненных дел. Так что я ворвался к нему в спальню, рассчитывая застать его там распаковывающим вещи. К моему удивлению, шторы были задернуты, а родители боролись под простыней. Еще удивительнее, мать брала верх. Отец, очевидно, был несколько расстроен. Он издавал звуки, похожие на жалобы попавшегося маленького зверька.

— Что вы делаете? — спросил я.

— А-а, Билли, мама проверяет мои зубы, — быстро, хотя и не совсем убедительно ответил отец.

Наступило минутное молчание.

— Вы там голые? — спросил я.

— Ну да, голые.

— А почему?

— Ну, — начал отец, словно это долгая история, — нам стало немножко жарко. Жаркая работа — зубы, десны и всякое другое. Слушай, Билли, мы почти заканчиваем. Ступай вниз, мы скоро будем.

Думаю, после такого полагается быть травмированным. Я не помню, чтобы вообще волновался, хотя несколько лет не давал матери смотреть мне в рот.

Когда в конце концов до меня дошло, я страшно удивился, узнав, что родители занимались сексом, — секс между родителями всегда представляется несколько невероятным, — но в то же время немного успокоился, ведь заниматься сексом в 1950-е годы было не простым делом. В браке, когда мужчина наверху, а женщина скрипит зубами, все вроде было законно, но почти все остальное в те дни в Америке запрещалось. Почти в каждом штате существовали законы, запрещающие любой вид секса, который считался хотя бы отдаленно вызывающим: разумеется, оральный и анальный секс; понятно, гомосексуализм; даже обычный деликатный секс между взаимно согласными, но не состоящими в браке парами. В Индиане вас могли засадить в тюрьму на четырнадцать лет, если вы содействовали или побуждали любое лицо в возрасте до двадцати одного года «заниматься мастурбацией». Епархия Римской католической церкви в этом же штате и примерно в то же время заявила, что внебрачный секс не только греховен, грязен и репродуктивно ненадежен, но к тому же содействует коммунизму. Каким образом забавы в стогу сена способствовали неумолимому продвижению марксизма, в заявлении не уточнялось, но вряд ли это имело значение. Смысл сводился к следующему: как только какое-либо действие считалось способствующим коммунизму, для вас оно становилось нежелательным.

Законодатели не могли решиться обсуждать эти вопросы открыто, поэтому зачастую невозможно было сказать, что конкретно запрещалось. У Канзаса имелся (насколько я знаю, он существует и поныне) законодательный акт, в котором обещалось наказывать, и жестоко, всякого «признанного виновным во внушающем отвращение преступлении против природы, совершенном с лицом мужского пола или с животным», даже без неопределенного указания, что это за внушающее отвращение преступление против природы. Уничтожение бульдозером тропических лесов? Наказание кнутом своего мула? Об этом просто ничего не говорилось.

Почти так же плохо, как заниматься сексом, было думать о сексе. Когда Люсиль Болл из «Я люблю Люси» почти весь сезон 1952/53 года была беременна, в шоу не позволялось употреблять слово «беременная», чтобы не побуждать восприимчивых зрителей заниматься на диване изометрическими упражнениями на манер нашего соседа мистера Кисслера с Сент-Джон-роуд. Вместо этого о Люси говорили как о «готовящейся стать матерью» — выражение, видимо вызывающее меньше эмоций. Ближе к дому, в Де-Мойне, полиция в 1953 году совершила облаву на бар «Рути», по адресу Локаст-стрит, 1311, и обвинила хозяйку, Рути Люсиль Фонтанини, в непристойных действиях. Эти действия вызвали такое беспокойство, что на место прибыли, дабы лично убедиться, два нижних чина и капитан полиции Луис Фольц — как вообще от случая к случаю и все мужчины Де-Мойна. Обнаружилось, что Рути, после долгих уговоров со стороны набравшихся завсегдатаев, ставила пару стаканов на туго обтянутую свитером грудь, наполняла их пивом и, не расплескав, подносила к столу жаждущих.

Похоже, Рути в свое лучшее время была довольно любвеобильна. Согласно бывшему репортеру Джорджу Миллзу, писавшему в замечательной книге воспоминаний «Глядя в окна», «она была замужем шестнадцать раз за девятью мужчинами». Один из браков Рути, сообщал Миллз, завершился всего через шестнадцать часов, когда она, проснувшись, обнаружила, как новый муж роется в ее сумочке, отыскивая ключ от сейфа. В век, когда почта доставлялась ракетой, обычай Рути пользоваться грудью как подносом казался невеликим даром, но он сделал ее знаменитостью в масштабах страны. В Корее в ее честь пару горок назвали Рутими, а голливудский режиссер Сесиль Б. де Милле дважды побывал в баре Рути, чтобы посмотреть ее в действии.

Эта история имеет счастливый конец. Судья Гарри Гранд отклонил обвинения в непристойности, а Рути в конце концов вышла замуж за хорошего человека, Фрэнка Бисиньяно, и зажила спокойной жизнью домохозяйки. По последним сообщениям, они прожили в счастливом браке больше тридцати лет. Хочется представить, как она каждый вечер подает ему на груди кетчуп, горчицу и другие приправы, но это, конечно, лишь досужие догадки*.

Для тех из нас, кому интересно было рассматривать голых женщин, разумеется, существовали картинки в «Плейбое» и других, пользовавшихся меньшей известностью мужских периодических изданиях, но их было почти невозможно достать законным путем, даже если катить на велосипеде в ужасные бакалейные лавки-развалюхи на восточных окраинах, понизить свой голос на пару октав и побожиться бесстрастно смотревшему продавцу, что родился в 1939 году.

---

* В печати часто утверждается, что Рути в прошлом была стриптизершей. Она протестовала, говоря, что никогда не была ею, поскольку никогда не раздевалась на публике. С другой стороны, она часто выходила на сцену более чем скромно одетой (*примеч. автора*).

Иногда в аптекарской лавке-закусочной, если отец бывал занят с фармацевтом (и это было единственным временем, когда я от души воздавал должное сложной механике изометрических упражнений), можно было торопливо перелистать страницы, но и это было изматывающим нервы занятием, так как журнальный прилавок был открыт взглядам из самых отдаленных уголков лавки. Более того, он находился прямо у входа и был виден через большое зеркальное окно, так что ты бывал уязвим со всех фронтов. Мимо могла пройти одна из маминых подруг, увидеть тебя и поднять тревогу — прямо перед входом находилась кабина с телефоном вызова полиции, возможно, как раз для этой цели, или прыщавый подручный хлопнет тебя сзади по плечу и станет громким голосом бранить, или неожиданно возникнет отец, как раз когда ты увлечен поиском страниц, на которых Ким Новак изображена отдыхающей на пушистом ковре, выставляя напоказ свою ухоженную кожу, — так что от такого занятия практически не было никакого удовольствия и очень мало просвещения. Не забывайте, это было время, когда вас могли арестовать за переноску пива за пазухой или за неуточненное преступление против природы, поэтому, если бы обнаружилось, что у вас в семейной аптекарской лавке держат фотографии голых женщин, последствия могли быть самыми невероятными, но можно было быть уверенным — последовали бы вспышки фотокамер, бригада телевизионщиков, специализирующаяся на преступлениях, заголовки на всю полосу в газетах и многие тысячи часов общественных работ.

По этой причине в основном приходилось довольствоваться разворотами в рассылаемых по почте каталогах нижнего белья или рекламой в глянцевых журналах, которая, конечно, была на грани, но все же держалась рамок закона. Компания «Мейденформ» («Девичьи формы»), производитель бюстгальтеров, в 1950-х годах публиковала в печати хорошо известную серию рекламных сюжетов, в которых женщины воображали себя полуодетыми в общественных местах. «Мне снилось, я в ювелирном магазине в своем бюстгальтере от “Мейденформ”», — гласил заголовок на одном, сопровождавшийся фотографией женщины в шляпке, юбке, туфлях, драгоценностях и бюстгальтере «Мейденформ» — короче, во всем, кроме блузки, — стоящей в витрине в «Тиффани» или другом подобном заведении. В этих картинках было что-то глубоко и, полагаю, нездорово эротичное. К сожалению, «Мейденформ» обладала безошибочным инстинктом, выбирая модели слегка продвинутые и не очень привлекательные, к тому же бюстгальтеры того времени являлись скорее хирургическими приспособлениями, нежели средствами обольщения. Кто-то впал в отчаяние при мысли, что попусту пропадает такая многообещающая эротическая идея.

Несмотря на недостатки, этот подход нашел широкое распространение. Компания «Саронг», производитель женских поясов, таких сверхпрочных, что они выглядели пуленепробиваемыми, выпустила серию рекламных сюжетов, изображающих женщин, которых застает врасплох внезапный порыв ветра, открывая пояса, надетые на нужном месте, к их ужасу и смятению, но к вожделению и восторгу всех мужчин в радиусе пятидесяти ярдов. Передо мной рекламный листок 1956 года, изображающий женщину, которая только что сошла с самолета Северо-Западных Авиалиний, чья шубка не к месту распахнулась от порыва ветра (сирокко, крайне ограниченного пространством где-то внизу меж ее ног), открывая вышитый нейлоновый пояс марки «Саронг» 124-й модели (имеется в продаже во всех специализированных магазинах по цене 13,95 доллара). Но — и тут возникает одна вещь, мучающая меня с 1956 года, — на женщине явно нет юбки или чего-нибудь еще между поясом и шубкой. Вопрос: как она была одета, когда садилась в самолет? Была ли она без юбки всю дорогу от, скажем, Тулсы до Миннеаполиса или же сняла юбку по пути — но зачем?

Реклама «Саронг» имела в моем окружении приверженцев — например, моего друга Дага Уиллоуби, — но я всегда находил ее странной, нелогичной и несколько извращенной. «Не может женщина путешествовать через полстраны без юбки, ни за что», — не раз спорил я, даже чуточку горячился. Уиллоуби не возражал, но при этом настойчиво утверждал, что именно это делает рекламу «Саронга» такой привлекательной. Во всяком случае, согласитесь, как ни печально, самые приятно щекочущие вещи находишь на снимках испуганной женщины с выглядывающим из-под шубки поясом в одном из журналов своей матери.

По случайности, самая эротичная статуя в стране находилась у нас в Де-Мойне. Она была составной частью находившегося на площади у Капитолия большого монумента в память о гражданской войне. Под названием «Айова» она изображала сидящую женщину, весьма вызывающе поддерживающую снизу руками голые груди. Как объясняли, поза символизировала намерение накормить, но на деле заставляла каждого проходящего мимо мужчину думать, как бы взобраться наверх и подержаться за груди. Иногда мы по воскресеньям ездили на велосипедах поглазеть на нее. «Воздвигнута в 1890 году», — говорилось на прикрепленной к статуе пластинке. «И возбуждает с тех пор», — острили, бывало, мы. Но ездить на велосипедах, чтобы только лишь взглянуть на медные титьки, было слишком далеко.

Другим выбором было подсматривать за людьми. Мальчишка, которого звали Роки Коппел, — его семья переехала в Де-Мойн из Колумбуса и некоторое время жила в полуподвальном помещении отеля «Коммодор», — обнаружил в задней стенке стенного шкафа дырку, в которую можно было подглядывать за горничной, одевавшейся в соседней каморке, а иногда усердно обменивавшейся флюидами с одним из уборщиков. Коппел взимал 25 центов за то, чтобы посмотреть в дырку, но скоро утратил большую часть клиентов, когда разнесся слух, что горничная походит на Эдлая Стивенсона, только менее волосатая.

Единственным местом, где вы ни за что не могли увидеть обнаженные женские телеса, было кино. Конечно, женщины в кинофильмах время от времени раздевались, но для этого всегда выходили из экрана или, сняв сережки и рассеянно расстегивая верхнюю пуговицу блузки, шли в другую комнату. Даже если камера задерживалась на героине, она в критический момент опускала взгляд, так что все, что вы видели, это спадающий на ноги халат или ступающую в ванну ногу. Это даже нельзя назвать разочарованием, поскольку ты и не ожидал чего-то такого, чтобы разочаровываться. Наготе просто не положено было показываться.

Те из нас, у кого были старшие братья, знали о фильме «Мау-Мау», вышедшем в 1955 году. Изначально приличный документальный фильм о восстании в Кении племени мау-мау, с дикторским текстом в сдержанном, спокойном исполнении телевизионного комментатора Чета Хантли. Однако кинопрокатчик, некто Дэн Сонни, счел, что фильм недостаточно рентабельный. Посему он нанял местных артистов и операторов и отснял дополнительные сюжеты в апельсиновой роще на юге

Калифорнии. В них изображались убегающие от мужчин с мачете в руках голые по пояс «туземные» женщины. Потом, в общем-то наобум, разбросал эти сцены по отснятому фильму, считая, что придал ему больше живости. В результате Дэн Сонни получил сенсационные доходы, среди зрителей особенно выделялись подростки двенадцати-пятнадцати лет. Мне, к сожалению, в 1955 году исполнилось только четыре года, так что я пропустил единственное пикантное обнажение на кинопленке за десятилетие.

Когда мне было около девяти, мы построили в лесу домик на дереве, — довольно хороший, поскольку таскали для строительства первоклассные материалы со стройки на Ривер Оукс-драйв, и незамедлительно, и более или менее непроизвольно использовали его как место для обнажения друг перед другом. Не было ничего особо возбуждающего, так как вся компания состояла из примерно двадцати четырех мальчишек и всего одной девчонки, Пэтти Хефферман, которая в свои шесть лет весила больше самой большой землеройной машины (позднее она будет известна как Пэтти Мясная Туша) и при всем желании не могла вызывать ассоциации с Мадам Эрос. И все же за пару печений она была готова подвергнуться осмотру под любым углом и сколько угодно времени, что представляло определенную антропологическую ценность.

Единственная девочка в округе, которую все хотели видеть обнаженной, была Мэри О'Лири. Она была самым прелестным созданием в миллионе миллионов галактик, но никогда ни за что не раздевалась. Она с удовольствием играла с нами в домике на дереве, если забавы были нравственными, но, как только они принимали пикантный оборот, она спускалась вниз по лесенке и со злостью, стиснув зубы и чуть не плача, говорила, какие мы грубые и противные. В этот момент я восхищался ею, сильно восхищался и часто тоже уходил (по правде говоря, там ничего не оставалось, кроме как разглядывать Пэтти Хефферман да жевать прихваченную из дому мамину стряпню), провожал ее до дому, расхваливая ее добродетели и скромность.

«Эти малые действительно противные», — говорил я, умалчивая, что сам из их же числа.

Ее отказ принять участие в наших развлечениях странным образом приятно возбуждал меня. Я обожал Мэри О'Лири и преклонялся перед ней. Бывало, садился рядом с ней на диван, когда она смотрела телевизор, и украдкой разглядывал ее личико. Это было самое прекрасное из того, что я видел, — такое нежное, такое чистое, готовое улыбнуться, полное розового света. В природе не было ничего более прекрасного и приносящего радость, чем девичье лицо в тот короткий момент, когда когда Мэри готовилась рассмеяться.

В то лето, в июле, моя семья ездила к моим дедушке с бабушкой на День независимости, где мне опять портил настроение вид дядюшки Ди, превращавшего здоровую пищу в сырую штукатурку. Хуже того, телевизор не работал в ожидании запчастей — жизнерадостный идиот, местный телевизионный техник, не видел смысла в том, чтобы иметь в запасе электронные лампы, за что, разумеется, заслужил обугливающую дозу Громовидения, — поэтому пришлось провести долгие выходные за чтением книг из скромной библиотеки бабушки с дедушкой, которая в основном состояла из опубликованных в «Ридерс дайджест» книг в сжатом изложении, нескольких романов Уорвика Дипинга и большой картонной коробки, полной журналов «Ледиз хоум джорнэл» за 1942 год. Словом, выходные испортили настроение.

Когда я вернулся, у дома меня поджидали Бадди Доберман и Артур Берген. Едва поздоровавшись с моими родителями, они утащили меня за угол для доверительного разговора и взахлеб принялись рассказывать, что в мое отсутствие Мэри О'Лири приходила в домик на дереве и раздевалась — до последней нитки. И все делала так непринужденно, словно не помня, где она.

— Как будто была в трансе, — с нежностью вставил Берген.

— Счастливом трансе, — добавил Бадди.

— Это действительно приятно. — Артур еще далеко не исчерпал нежных воспоминаний.

Я, естественно, не поверил ни единому их слову. Они были вынуждены дюжину раз побожиться и дать страшные клятвы, прежде чем я несколько умерил свое недоверие. Более того, им пришлось описать каждую деталь этого события, что Берген был способен делать с удивительной ясностью. (У него была, как он хвастал в более поздние годы, порнографическая память.)

— Хорошо, — сказал я, как вы понимаете, остро восприняв известие, — тогда пускай она придет и повторит еще раз.

— О нет, — объяснил Бадди. — Она сказала, что больше так делать не собирается. Нам пришлось поклясться, что мы никогда больше не будем ее просить. Так договорились.

— Но, — потрясенно пробормотал я, — это же нечестно.

— Забавно, — продолжал Бадди, — она сказала, что давно думала об этом, но ждала, когда не будет тебя, не хотела тебя расстраивать.

— Расстраивать меня? Расстраивать меня? Ты что, шутишь? Расстраивать меня? Ты меня дурачишь? Да, дурачишь?

До сих пор видна выбоина в стене, о которую следующие четырнадцать часов я бился головой. Верная своему слову, Мэри О'Лири больше ни разу близко не подходила к домику на дереве.

Вскоре после этого я в момент вдохновения вынул все ящики из отцовского комода в чулане, чтобы посмотреть, не завалялось ли чего под ними. Обычно дважды в год, весной и осенью, когда он уезжал на весенние тренировки и на Мировую серию, я потрошил его спальню в поисках забытых сигарет, случайных монет и доказательств своего рождения на планете Электро — может быть, писем короля Волтона или резолюции Конгресса Электро, содержавшей обещание щедрого вознаграждения за мое благополучное воспитание и исполнение моих малейших прихотей.

На этот раз у меня было больше времени, и я вынул ящики совсем, обнаружив таким образом скромный отцовский тайник, содержавший два журнала, один назывался «Дьюд» («Пижон»), другой — «Наггет» («Крупица»). Они были никуда не годные. Женщины в них были похожи на Пэт Никсон или Мейми Эйзенхауэр — женщин такого сорта, что заплатил бы сам, лишь бы не видеть их раздетыми. Я был потрясен и удивлен не тем, что у отца нашлись мужские журналы — вполне уместная вещь, — а тем, что у него такой плохой вкус. Это было так печально похоже на моего отца: его уродливая привычка покупать все подешевле распространялась даже на выбор мужских журналов.

И все же лучше, чем ничего: на их страницах находились неодетые женщины. Я принес журналы в домик на дереве, где они, за отсутствием Мэри О'Лири, были высоко оценены. Когда дней десять спустя, накануне возвращения отца, я вернул журналы на место, их страницы сохранили следы пальцев. Было трудно не заметить, что они доставили удовольствие более широкой аудитории. На одном не было обложки и почти на всех иллюстрированных страницах появились заметки на полях и надписи в овалах, сделанные разными детскими почерками. В дальнейшем я часто задавался вопросом, что сделал отец с этими выразительными дополнениями, но не было подходящего момента спросить его.

Глава 7

ТРЕТЬЯ МИРОВАЯ?

Мобил, Алабама (Ассошиэйтед Пресс). — Вчера Верховный суд Алабамы утвердил смертный приговор, вынесенный негру-разнорабочему Джимми Уильсону, 55 лет, за ограбление миссис Эстеллы Баркер в ее доме на 1,95 доллара. Миссис Баркер белая.

Хотя грабеж в Алабаме карается смертной казнью, ранее в штате никого не казнили за кражу менее чем 5 долларов. Представитель суда дал понять, — на решение присяжных повлиял тот факт, что миссис Баркер сообщила жюри: Уильсон разговаривал с ней в угрожающих тонах.

Представитель Национальной ассоциации за прогресс цветного населения назвал смертный приговор «страшным пятном, ложащимся на страну», но заявил, что его организация не в состоянии помочь осужденному, потому что запрещена в Алабаме.

«Де-Мойн реджистер»,
23 августа 1958 года

1 ноября 1952 года в 7 часов 15 минут по местному времени Соединенные Штаты на атолле Эниветок (или Эневетак, или множество других вариантов) на Маршалловых островах, в южной части Тихого океана, взорвали первую водородную бомбу, хотя в любом возможном смысле это, по существу, была не бомба, и она не была транспортабельной. Если бы противник не стоял тактично рядом, ожидая, пока мы сооружали 80-тонное морозильное устройство для охлаждения большого количества жидкого дейтерия и трития, протягивали несколько миль кабелей и прикрепляли десятки электрических детонаторов, мы не имели бы возможности взорвать кого-либо из них. Чтобы привести в действие устройство на Эниветокс, потребовалось одиннадцать тысяч военных и гражданских лиц, так что вряд ли эту штуку можно было бы установить на Красной площади, не вызвав подозрений. Правильнее назвать его «термоядерным устройством». И тем не менее оно было страшно могущественным.

Поскольку ничего подобного никогда раньше не испытывалось, никто не знал, какой силы будет взрыв. Даже по самым консервативным оценкам, пять мегатонн представляли бóльшую разрушительную силу, чем общая огневая мощь всех участников Второй мировой войны, а некоторые физики-ядерщики считали, взрыв мог достигнуть ста тысяч мегатонн — о последствиях ученые могли только догадываться. Одно из них — воспламенение всего кислорода в атмосфере. «Но без риска нет победы», — видно, решили в Пентагоне, и первого ноября кто-то поджег фитиль и, как мне хочется вообразить, помчался прочь сломя голову.

Взрыв получился мощностью чуть больше десяти мегатонн, сравнительно управляемый, но все же достаточно мощный, чтобы стереть с лица Земли город в тысячу раз больше Хиросимы, хотя, конечно, на Земле нет таких больших городов. Над Эниветоком в считаные секунды поднялся огненный шар высотою в пять миль и шириной четыре мили. Постепенно он превратился в грибовидное облако, поднявшееся в атмосферу на высоту тридцать миль над землей и распространившееся в стороны более чем на тысячу миль во всех направлениях, прежде чем постепенно рассеяться, выделяя по пути осадки серого пепла. Это было самым большим творением человека во все времена. Девять месяцев спустя и Советы удивили западные державы, взорвав термоядерное устройство. Пошла гонка за полное уничтожение — и продолжается поныне. Теперь мы действительно стали самой Смертью, разрушителями миров.

Пожалуй, неудивительно, что, когда это произошло, я невозмутимо сидел на горшке в Де-Мойне, штат Айова. Другого выбора у меня не было. Мне было десять месяцев.

Пугающим в этой связи был не столько рост мощности бомб, сколько возраставшие запросы людей. Всего через несколько недель после испытаний на Эниветоке большие чины в Пентагоне стали активно обдумывать способы применения убийственной энергии. Одна идея, рассматривавшаяся вполне серьезно, заключалась в том, чтобы соорудить подобное устройство поблизости от линии фронта в Корее, побудить большое количество северокорейских и китайских войск подойти к нему и затем взорвать.

Член палаты представителей от Пенсильвании, видный поборник опустошений, Джеймс Е. Ван Зандт обещал, что скоро у нас будет устройство по меньшей мере в сотню мегатонн — такое, которое могло бы уничтожить весь нужный для дыхания воздух. В то же самое время Эдвард Теллер, полоумный физик венгерского происхождения, один из руководящих гениев, занимавшихся разработкой водородной бомбы, грезил о применении ядерных устройств в мирное время. Теллер и его помощники в Комиссии по атомной энергии представляли использование водородных бомб в грандиозных гражданских технических проектах немыслимых ранее масштабов: создание на месте гор открытых рудников, изменение русла рек в выгодном для нас направлении (чтобы Дунай, например, служил только капиталистическим странам), снос препятствий, досаждающих общению и мореходству, вроде Большого Барьерного рифа в Австралии. Они возбужденно сообщали, что всего двадцать шесть бомб, выложенных в ряд поперек Панамского перешейка, более или менее одним махом выроют больший и лучший Панамский канал и в придачу устроят великолепное зрелище. Они даже предлагали использовать ядерные устройства для изменения погоды на Земле путем перераспределения количества пыли в атмосфере, навсегда исключив зимы на севере США и отправив их в Советский Союз. Как бы между прочим Теллер предложил использовать Луну как гигантскую цель для испытания боеголовок. Взрывы были бы видны с Земли в бинокли и стали бы безопасным развлечением для миллионов. Словом, создатели водородной бомбы хотели окутать мир непредсказуемого уровня радиацией, уничтожить целые экосистемы, изуродовать лицо планеты и при каждом удобном случае дразнить и порождать вражду у противника — и это были их мечты *мирного времени*.

Но, разумеется, подлинной целью было создание чудовищной транспортабельной бомбы, которую мы могли бы сбросить на головы русских и всех остальных. Эта мечта стала обворожительной реальностью 1 марта 1954 года, когда Америка произвела экспериментальный взрыв мощностью пятнадцать мегатонн над атоллом Бикини (место до того восхитительное, что мы назвали в его честь женский купальный костюм) на Маршалловых островах. Взрыв значительно превзошел все ожидания. Вспышка была видна в Оклахоме, в двух тысячах шестистах милях от места взрыва. Видимые осадки рассеялись на площади около семи тысяч квадратных миль — в направлении, противоположном предсказанному. Мы стали хороши не только в производстве действительно гигантских взрывов, но и в создании последствий, справиться с которым нам было не по силам.

Один солдат, находившийся на острове Кваджалейн, в письме домой писал: он думал, что взрывом снесет казарму. «Небо вдруг стало ярко-оранжевым и оставалось таким пару минут... Мы слышали очень громкие раскаты, похожие на гром. Потом казармы стало трясти, будто во время землетрясения. Следом поднялся очень сильный ветер, вынудивший всех хвататься за что-нибудь прочное и держаться изо всех сил. И это почти в двухстах милях от места взрыва. Что же испытали те, кто находился ближе. А там было много народу, среди них туземцы соседнего острова Ронгелап, которым сказали, что около семи часов утра будет яркая вспышка и громкий удар, но никаких других предупреждений, никаких намеков, что удар может развалить их дома и навсегда оставить их глухими, никаких рекомендаций, как бороться с последствиями, не было дано. Когда на них посыпался радиоактивный пепел, озадаченные туземцы стали пробовать его на вкус — не соль ли это — и вытряхивать из волос.

Через несколько минут они обнаружили, что чувствуют себя не шибко хорошо. Никто из тех, кто попал под радиоактивные осадки в то утро, не захотел завтракать. Через несколько часов многих страшно тошнило, а у тех, кому на кожу попал пепел, появились волдыри. Через несколько дней стали клочьями выпадать волосы, а у некоторых наблюдались внутренние кровоизлияния.

Под радиоактивные осадки попали также двадцать три озадаченных рыбака с японского судна, названного — не без оттенка иронии, замеченного всеми, — «Счастливым драконом». К тому времени, когда они вернулись в Японию, большинство членов экипажа чувствовали себя очень плохо. Их улов разгружали другие, и он был отправлен на рынок, где затерялся среди тысяч других уловов, разгруженных в тот день в японских портах. Не будучи в состоянии определить, какая рыба заражена, японские потребители неделями остерегались покупать рыбу, чуть было не загубив рыболовство.

Как нация, японцы не слишком радовались происходящему. Менее чем за десять лет они, против своего желания, прославились тем, что стали первыми жертвами атомной и водородной бомб, и, естественно, были сильно огорчены и добивались извинений. Мы отказали им в таком одолжении. Вместо этого Льюис Страусс, бывший обувной торговец, выросший до председателя Комиссии по атомной энергии (такое было время), высказал предположение, что японские рыбаки были фактически советскими агентами.

Соединенные Штаты все чаще переносили испытания в Неваду, где, как мы видели, люди оказались куда бо́льшими ценителями сомнительных развлечений. Надо сказать, что испытания проводились не только на Маршалловых островах и в Неваде. В первые годы испытаний мы также взрывали ядерные бомбы на острове Рождества и атолле Джонстон в Тихом океане, над водой и под водой в южной части Атлантического океана, в Нью-Мексико, Колорадо, на Аляске и в Хаттисберге, штат Миссисипи (!). Всего с 1946 по 1962 год Соединенные Штаты взорвали более тысячи ядерных боеголовок, включая около трехсот в атмосфере, выбросив в воздух бесчисленные тонны радиоактивной пыли. СССР, Китай, Великобритания и Франция добавили к ним десятки своих.

Оказалось, дети с их маленькими фигурками и любовью к молоку особенно подвержены абсорбированию и удерживанию стронция-90 — основного радиоактивного продукта осадков. Эта наша склонность к стронцию была такова, что в 1958 году средний ребенок — скажем, я и еще тридцать миллионов маленьких граждан — нес в себе в десять раз больше стронция, чем всего годом раньше. Мы положительно светились этим веществом.

Так что испытания были перенесены под землю, но и это не всегда срабатывало как надо. Летом 1962 года чиновники от обороны взорвали водородную бомбу, запрятав ее глубоко под пустыней Френчмэн Флэт в Неваде. Взрыв был таким сильным, что земля вокруг поднялась на триста футов и лопнула, как плохой нарыв, образовав кратер диаметром восемьсот футов. Выброшенная взрывом порода разлетелась повсюду. «К четырем часам пополудни, — пишет историк Питер Гудчайлд, — облако радиоактивной пыли над Элай, штат Невада, в двухстах милях от нулевой отметки, было настолько плотным, что пришлось включить уличное освещение». Видимые радиоактивные осадки отнесло через шесть западных штатов и две канадские провинции, хотя никто официально не признал неудачу и не было сделано никакого предупреждения населению не прикасаться к свежему пеплу и не давать детям валяться в нем. Фактически все подробности этого происшествия на протяжении двадцати лет держались в секрете, пока один любознательный журналист не возбудил судебное дело в соответствии с Законом о свободе информации, чтобы выяснить, что же произошло в тот день*.

В то время как мы ожидали, когда политики и военные вручат нам настоящую Третью мировую войну, комиксы были рады дать воображаемую. Под заголовками «Атомная война!» и «Битва атомного века» каждый месяц стали появляться подобные книжки, и знатоки из «Кораля малышей» стали жадно гоняться за ними. Стоявшие за этими комиксами мудрые головы остроумно отобрали атомное оружие у генералов и других больших шишек и передали его в руки простых пехотинцев, дав им возможность сокрушать неисчерпаемые орды

* Испытания ядерного оружия достигли высшей точки в октябре 1961 года, когда Советы взорвали в Арктике пятидесятимегатонное устройство. (Пятьдесят мегатонн эквивалентны пятидесяти миллионам тонн тринитротолуола — более чем в три тысячи раз мощнее хиросимского взрыва 1945 года, в конечном счете уничтожившего двести тысяч человек.) В высшую точку холодной войны число ядерного оружия достигало шестидесяти пяти тысяч. Сегодня его около двадцати семи тысяч единиц, каждое значительно мощнее сброшенного на Японию в 1945 году; разделено, вероятно, между девятью странами. Спустя более пятидесяти лет после первых атомных испытаний остров Бикини остается необитаемым (*примеч. автора*).

наступающих китайских и русских войск атомными ракетами, атомными пушками, атомными гранатами и даже атомными ружьями, заряженными атомными пулями. Атомные пули! Вот это идея! Захватывающая кровавая бойня. До того как, овладев юным сердцем и дергающимися чреслами, в мою жизнь незаметно прокралась Асбестовая Женщина, комиксы об атомной войне были развлечением, доставлявшим больше всего удовольствия.

Во всяком случае, в 1950-х годах у людей были и куда худшие поводы для беспокойства, нежели ядерное уничтожение. Им приходилось беспокоиться о полиомиелите. Волноваться, как бы не отстать от соседей, быть не хуже других. Беспокоиться, как бы по соседству не поселились негры. Беспокоиться по поводу неопознанных летающих объектов. В конце концов, волноваться из-за подростков. Что верно, то верно. В 1950-х годах подростки стали страхом номер один для американских граждан.

Разумеется, с незапамятных времен всегда встречались заслуживающие порицания недоросли, но как социальное явление проблема тинейджеров приобрела совершенно новый характер. (Слово «тинейджер», «-надцатилетний» подросток, условно в возрасте 13–19 лет, было придумано только в 1941 году.) Так что когда «тины» стали ощутимо проявлять себя скорее как мутанты в одном из многочисленных, вышедших в это десятилетие знаменитых научно-фантастических комиксов, взрослые встревожились. Тинейджеры курили, дерзили и целовались на задних сиденьях машин. Они неуважительно обращались к старшим. Самодовольно ухмылялись. Бесконечно кружили на велосипедах по деловым центрам. По четырнадцать часов в день проводили, придумывая прически. Слушали рок-н-ролл, музыку, явно настраивающую на половую связь и курение травки. «Нам известно, что многие диск-жокеи — наркоманы, — писали авторы пользовавшейся известностью книги «США, секретно». — Многие другие — красные, левые или нарушители общественного порядка».

Фильмы вроде таких, как «Безумный», «Беспричинный бунтарь», «Джунгли классной доски», «Средняя школа, секретно», «Волна подростковой преступности», «Ученица исправительной школы» и (если мне дозволят личное пристрастие) «Тинейджеры из космоса», создавали впечатление, что молодежь страны повсюду охвачена мрачным беспокойным неистовством. «Санди ивнинг пост» назвала подростковую преступность «позором Америки». «Тайм» и «Ньюсуик» поместили материалы с заголовками на обложках о новом поколении юных хулиганов. Возглавлявшийся Эстесом Кефовером Сенатский подкомитет по преступности несовершеннолетних провел ряд эмоциональных слушаний о росте числа уличных банд и тесно связанном с этим хулиганстве.

Фактически же молодежь никогда не была такой хорошей и такой самозабвенно консервативной. Согласно опубликованным в книге Дж. Рональда Оукли «Божья страна: Америка в пятидесятых» результатам опросов, более половины молодых людей считали, что мастурбация греховна, что женщины должны сидеть дома и что теории эволюции нельзя верить, — взгляды, которым бы горячо аплодировали старшие. Подростки также много работали и внесли значительный вклад в благосостояние страны, трудясь по выходным или после занятий в школе. В 1955 году средний американский тинейджер имел в своем распоряжении больше средств, чем средняя семья из четырех человек пятнадцатью годами раньше. Вместе взятые, в балансе страны они располагали 10 миллиардами долларов. Так что тинейджеры ни по каким меркам не были такими уж плохими. И все же верно: если посмотреть на них из наших дней, то они, несомненно, уступают нынешнему поколению.

По страху, какой вызывали тинейджеры в 1950-х годах, могло сравниться только одно — это, разумеется, коммунизм. В 1950-е беспокойство по поводу коммунизма было занятием, требовавшим всех сил. «Красная опасность» таилась всюду: в книгах и журналах, в государственных учреждениях, в школьных уроках, на всех рабочих местах. Особенно подозревалось кинопроизводство.

«В Голливуде выходит большое количество кинофильмов, в которых проводится коммунистическая пропаганда», — мрачно вещал под одобрительные кивки в 1947 году конгрессмен от Нью-Джерси, председатель Комиссии по расследованию антиамериканской деятельности Дж. Парнелл Томас, хотя, по зрелому размышлению, никто, по существу, не мог назвать ни одного голливудского фильма, хотя бы слегка близкого по духу марксистской мысли. Парнелл так и не назвал фильмы, которые он имел в виду, к тому же у него не было особой возможности, так как вскоре его осудили за присвоение государственных средств под видом зарплаты мнимым служащим. Его приговорили к восемнадцати месяцам тюрьмы в Коннектикуте. Здесь конгрессмен имел неожиданное удовольствие отбывать срок вместе с теми, кого его комитет упрятал в тюрьму за отказ от дачи показаний, а именно — Лестером Коулом и Рингом Ларднером-младшим.

Чтобы не отстать, Уолт Дисней в показаниях перед вышеупомянутой комиссией утверждал, гильдия мультипликаторов в Голливуде — по его словам, возглавляемая заведомо красными и их попутчиками, — попыталась во время забастовки 1941 года захватить его студию с намерением сделать Микки-Мауса коммунистом. Никаких свидетельств он так и не представил, хотя опознал в одном из своих служащих коммуниста, потому что тот не ходил в церковь и изучал искусство в Москве.

Особенно замечательное время настало для громогласных идиотов. Упитанный брыкливый осел, евангелист из Сапулпы, штат Оклахома, Билли Джеймс Харгис в еженедельных проповедях предупреждал страну, что коммунисты проникли в органы власти и фактически захватили Федеральную резервную систему, Департамент образования, Национальный совет церквей и почти все другие организации национального значения. Его высказывания передавали 500 радиостанций и 250 телевизионных станций, привлекая огромное количество последователей. Популярностью пользовались и его книги «Коммунизм: тотальная ложь» и «Является ли школа подходящим местом для обучения сексу?».

Не имея никакой профессиональной подготовки (исключен за неуспеваемость из Озаркского библейского колледжа — можно сказать, редкое отличие), Харгис основал несколько учебных заведений, включая Университет христианского крестового похода антикоммунистической молодежи. (Страшно хотел бы послушать их университетский гимн.) Когда его спрашивали, чему учат в его школах, он отвечал: «Антикоммунизму, антисоциализму, антигосударственности всеобщего благосостояния, анти-России, анти-Китаю, точному толкованию Библии и правам штатов». В конце концов на Харгисе поставили крест, когда вскрылось, что в моменты божественного рвения он занимался сексом и со студентками, и со студентами. Согласно «Экономисту», для одной парочки было открытием, когда они в брачную ночь, краснея, признались друг другу в таком преступлении.

В разгар запугивания «красной угрозой» в тридцати двух штатах из сорока восьми существовали того или иного рода присяги в благонадежности. В Нью-Йорке, отмечает Оукли, для получения разрешения на рыбную ловлю необходимо было принести присягу в благонадежности. В Индиане к присяге в благонадежности приводили профессиональных борцов. В Законе о контроле над коммунизмом 1954 года передача любых коммунистических идей любыми средствами, включая сигнальные флажки, объявлялась преступлением федерального уровня. В Коннектикуте запрещалось критиковать правительство или плохо отзываться об армии или американском флаге. В Техасе за то, что вы коммунист, вас могли упечь в тюрьму на двадцать лет. В Бирмингеме, штат Алабама, нарушением закона считался любой разговор с коммунистом.

Комиссия по расследованию антиамериканской деятельности выпустила миллионы листовок, озаглавленных «Сто вещей, которые следует знать о коммунизме», подробно излагающих, что следует высматривать в поведении соседей, друзей и членов семьи. Билли Грэхэм, почитаемый евангелист, заявил, что более тысячи вроде бы благопристойных американских организаций фактически служат вывесками, скрывающими коммунистические предприятия. Рудольф Флеш, автор бестселлера «Почему Джонни не может читать», настаивал на том, что отказ от фонического метода обучения чтению в школах подрывает демократию и расчищает путь коммунизму. Вестбрук

Пеглер, комментатор агентства печати, предложил просто убивать всякого, если станет известно, что он когда-либо в жизни был коммунистом. Согласно Дэвиду Хальберстаму, ситуация была такова, что когда «Дженерал моторс» приняла на работу русского автомобильного дизайнера, которого звали Жора Аркус-Дунтов, она ложно сообщила в пресс-релизе, что он «по происхождению бельгиец».

Лучше всех воспользовался настроениями страха сенатор-республиканец от Висконсина Джозеф Р. Маккарти. В 1950 году, выступая с речью в Уилинге, штат Западная Виргиния, он утверждал, что у него в кармане список ста пяти коммунистов, работающих в Государственном департаменте. На следующий день он утверждал, что у него есть другой список с пятьюдесятью семью именами. Следующие четыре года Маккарти размахивал многими списками, в каждом из которых называлось разное число коммунистических агентов. Своими пылкими бессвязными речами он поломал жизнь многим людям, не представив ни одного обещанного списка. Не сдерживать обещаний становилось своего рода тенденцией.

Другие пустили в ход иные предрассудки. Старший конгрессмен от Миссисипи Джон Рэнкин проницательно заметил: «Помните, коммунизм — это еврейство. Как я понимаю, все члены политбюро в окружении Сталина либо евреи, либо женаты на еврейках, и это включая самого Сталина». На фоне таких людей Маккарти выглядел человеком почти в здравом уме.

Истерия приняла такой размах, что попасть в беду можно было и не совершая ничего дурного. В 1950 году три бывших агента ФБР опубликовали книгу «Отчет о коммунистическом влиянии на радио и телевидении», где обвиняли 151 известного человека — среди них

Леонарда Бернштейна, Ли Дж. Кобба, Берджесса Мередита, Орсона Уэллса, Эдварда Г. Робинсона и стриптизершу Джипси Роуз Ли — в различных противозаконных действиях. Среди ужасных преступлений, в которых обвинялись несчастные, были высказывания против религиозной нетерпимости, противодействие фашизму, поддержка мира во всем мире и Организации Объединенных Наций. Никто никаким образом не был связан с коммунистической партией и никогда не питал коммунистических симпатий. Но даже при этом многие из них годами не имели работы, если только (подобно Эдварду Г. Робинсону) не соглашались предстать перед Комиссией по расследованию антиамериканской деятельности в качестве дружелюбных свидетелей.

Любое общение с коммунистами стало, по существу, незаконным. В 1951 году натурализованному англичанину д-ру Эрнесту Чейну, за шесть лет до этого получившему Нобелевскую премию за участие в создании пенициллина, отказали во въезде в Соединенные Штаты под тем предлогом, что он незадолго до этого ездил в Чехословакию от лица Всемирной организации здравоохранения помочь запустить линию по производству пенициллина. Похоже, гуманитарная помощь позволялась только тем, кто верил в свободный рынок. Американцы также обнаружили, что им запрещено путешествовать. Лайнус Полинг, который в дальнейшем получит две Нобелевских премии, был задержан в нью-йоркском аэропорту Айдлуайлд при посадке на самолет до Лондона, где его должны были чествовать в Королевском научном обществе. У Полинга отобрали паспорт на том основании, что он когда-то дважды публично высказал свободолюбивые взгляды.

Еще труднее было неамериканцам по рождению. Узнав, что гражданин Уильям Хейккилин, уроженец

Финляндии, в молодости короткое время состоял в коммунистической партии, иммиграционная служба выследила его в Сан-Франциско, арестовала по пути с работы домой и погрузила в вылетающий в Европу самолет. У него ничего не было с собой, кроме доллара мелочью. Только на следующий день после того, как самолет совершил посадку, власти сообщили обезумевшей жене, что ее муж депортирован, и отказались сообщить, куда его выслали.

Пожалуй, самый невероятный случай произошел с драматургом Артуром Миллером. Когда он оказался перед угрозой тюремного заключения за отказ предать друзей и коллег по театру, ему сказали, что с него снимут все обвинения, если он позволит председателю Комиссии по расследованию антиамериканской деятельности Френсису Э. Уолтеру сфотографироваться с его знаменитой красавицей женой Мерилин Монро. Миллер отказался.

В 1954 году Маккарти наконец потерпел провал. Он обвинил в измене генерала Джорджа Маршалла, чье имя неразрывно связано с планом Маршалла, человека бесспорно честного. Обвинение оказалось безосновательным. Затем он взялся за армию Соединенных Штатов, угрожая изобличить в подрывной деятельности всю верхушку, которую, как утверждал он, армия намеренно скрывала в своих рядах. В серии транслируемых по телевидению слушаний весной 1954 года, известных как слушания Маккарти — Армия, он проявил себя как изрыгающий пустые угрозы фигляр, не имевший никаких доказательств. Вот столько времени потребовалось стране, чтобы понять это.

Позднее в том же году его сурово осудил Сенат — знаменательное унижение. Три года спустя Маккарти умер во всеобщей немилости. Но факт остается фактом: будь он чуточку умнее и симпатичнее, вполне мог бы стать президентом. Во всяком случае, падение Маккарти не замедлило наступления на коммунизм. Согласно книге Кеннета О'Рейлли «Гувер и антиамериканцы», даже в 1959 году в нью-йоркском управлении ФБР все еще числилось четыреста агентов, полностью занятых искоренением коммунистов из американской жизни.

Из-за нашей чрезмерной озабоченности коммунизмом внутри страны и за рубежом Америка стала первой страной в современной истории, начавшей создавать военную экономику в мирное время. В пятидесятые годы расходы на оборону колебались в пределах между 40 и 53 миллиардами долларов в год, больше, чем *все* расходы правительства в начале десятилетия. За восемь лет президентства Эйзенхауэра США выложили на оборону 350 миллиардов долларов. Более того, 90 % нашей иностранной помощи тоже шло на военные цели. Мы не только хотели вооружаться сами, но и стремились вооружить других.

Часто, чтобы вызвать враждебность Америки и навлечь на себя кучу неприятностей, требовалось лишь оказаться на пути американских экономических интересов. В 1950 году в Гватемале было избрано правительство реформ — «самое демократическое правительство, какое когда-либо имела Гватемала», по словам историка Говарда Зина, — во главе с образованным землевладельцем Джакобо Арбенсом, руководствовавшимся добрыми намерениями. Избрание Арбенса явилось ударом по американской компании «Юнайтед фрут», которая с XIX века правила Гватемалой как частным поместьем. Компания владела в стране всем более или менее значительным — портами, железными дорогами, средствами связи, банками, магазинами и 550 тысячами акров обрабатываемой земли, — платила низкие налоги и могла уверенно рассчитывать на поддержку вереницы диктаторов.

Около 85 % земли «Юнайтед фрут» так или иначе постоянно пустовало, из-за чего цены на фрукты были высокими, а гватемальцы — бедными. Арбенс, сын швейцарских иммигрантов и немножко идеалист, подумал, что это несправедливо, и решил переделать страну на более демократических началах. Он ввел свободные выборы, покончил с расовой дискриминацией, поощрял свободу печати, установил сорока четырех часовую рабочую неделю, легализовал профсоюзы и покончил с коррупцией в правительстве.

Надо ли говорить, что большинство народа любило его. Пытаясь справиться с нищетой, он разработал план национализации большей части пустующих земель, включая 1700 акров своих собственных, и перераспределения ее в виде малых участков среди безземельных крестьян. В этих целях правительство Арбенса экспроприировало 400 тысяч акров земли «Юнайтед фрут» и предложило в качестве компенсации сумму, которую сама компания называла как стоимость земли при уплате налогов, — 1 185 000 долларов.

Теперь же «Юнайтед фрут» решила, что земля на самом деле стоит 16 миллионов долларов — такую сумму гватемальское правительство не могло себе позволить уплатить. Когда Арбенс отверг требование «Юнайтед фрут» о более высокой компенсации, компания пожаловалась правительству Соединенных Штатов, которое в ответ санкционировало переворот.

Арбенс в 1954 году бежал из страны, и у власти был поставлен новый, более уступчивый лидер — Карлос Кастильо. ЦРУ по-своему помогла ему, передав список семидесяти тысяч «ненадежных лиц» — учителей, врачей, государственных служащих, профсоюзных организаторов, священнослужителей, которые поддержали реформы, будучи убеждены, что демократия в Гватемале — хорошее дело. Тысячи из них бесследно исчезли.

На этой отрезвляющей ноте давайте вернемся в Ребячий мир, обитатели которого, может быть, малы и часто страшно глупы, но, по крайней мере, сравнительно цивилизованны.

Глава 8

ИЗ-ПОД ПАРТЫ

В Пасадене, штат Калифорния, учащийся Эдвард Малруни был арестован в связи с тем, что бросил бомбу в дом своего преподавателя психологии, оставив записку, в которой говорилось: «Если вы не хотите, чтобы в ваш дом кидали бомбы и стреляли в окна, справедливо ставьте отметки и пишите задания на доске — или это для вас слишком много?»

«Тайм»,
16 апреля 1956 года

Моя начальная школа, Гринвуд, была замечательным старым зданием, огромным в глазах маленького мальчугана, будто кирпичный замок. Построенная в 1901 году, она стояла близ Гранд-авеню в конце улицы с невероятно большими и изысканными домами. Во всей округе царил дух унаследованного богатства.

Входить в Гринвуд было самым страшным и в то же время самым волнующим событием первых пяти лет моей жизни. Парадные двери казались примерно в двадцать раз выше обычных дверей, и внутри все было таких же внушительных масштабов, включая учителей. Вся атмосфера одновременно пугающая и волнующая.

Думаю, это красивейшая начальная школа из всех, какие я когда-либо видел. Почти на всем — прохладных керамических фонтанах, натертых полах коридоров, раздевалках с их старинными, ровно прикрепленными крючками, огромных звонких радиаторах с замысловатыми рельефными узорами, шкафах со стеклянными дверцами — лежала печать основательности, высокого качества, добротности. Здание было построено хорошими мастерами в те времена, когда качество работы имело значение; здесь царила созданная поколениями атмосфера увлеченного стремления к познанию. Если бы не приходилось уделять много времени «испарению» учителей, я был бы без ума от этого места.

Тем не менее мне очень нравилось это здание. Одна из прелестей жизни в том старом, затерянном мире середины XX века состояла в том, что все предназначенное для детей было уменьшенным вариантом мира взрослых. Вы не можете представить себе, насколько прекраснее оно от этого становилось. Наша бейсбольная площадка малой лиги, например, была самой настоящей, с трибуной, местами для прессы, настоящими укрытиями, которые, как и положено, были частично вкопаны в землю (неважно, что при каждом дожде там было полно воды и что игроки ростом пониже не видели через край и, бывало, радовались не вовремя). Когда ты пробегал, лавируя, те три шага, то мог серьезно представить, что ты на настоящем стадионе «Янки». Поверьте, отличная инфраструктура открывает путь полету фантазии. В Гринвуде всего этого хватало в высшей степени.

Начать с того, что здесь был зрительный зал, как в настоящем театре, со сценой, занавесом, прожекторами и артистическими уборными. Так что, как бы ни были плохи ваши школьные постановки — а наши всегда были ужасно плохими, отчасти из-за отсутствия у нас таланта, отчасти потому, что миссис Де Вото, учительница музыки, сидя за фортепьяно, клевала носом, — все же создавалось ощущение, что ты являешься частью хорошо организованного профессионального предприятия (даже когда стоял, держа длинную ноту в ожидании, пока миссис Де Вото уронит подбородок на клавиши, это всегда встряхивало ее, и она с новой энергией начинала с места, где отключилась одну-две минуты назад).

В Гринвуде также был лучший в мире гимнастический зал. Он находился наверху, в конце здания, и в нем очень хорошо дышалось. Открывая дверь, ты ожидал увидеть обычную классную комнату, а вместо этого перед тобой открывался изнутри — ого! ура! — громадный куб полированного дерева. Пространство, которым оставалось только любоваться: окна — как в большом соборе, до потолка не добросить мяч; акры полированного дерева, за десятилетия стертого скрипучими спортивными тапочками и орошенного каплями детского пота до медового отлива; шикарная акустика, когда звук каждого брошенного мяча отдается эхом так по-спортивному. В хорошую погоду нас выводили играть на улицу. Дорожка на игровую площадку проходила мимо расшатанной металлической пожарной лестницы, страшноватой, но замечательно высокой. Если смотреть сверху, глазам открывались мили крыш и залитый солнцем деревенский пейзаж, простиравшийся до самой Миссури — или так казалось.

Правда, мы большей частью играли в помещении, потому что почти всегда была зима. Само собой разумеется, зимы в то время, как все зимы в детстве, были много длиннее, более снежные и морозные, чем теперь. Бывало, за раз выпадало до одиннадцати футов снега — редко когда меньше, — и неделями длились арктические морозы, такие крепкие, можно было пи́сать сосульками.

В результате школу топили до температуры обжиговой печи, так что и учащиеся, и учителя в равной мере постоянно находились в состоянии сонливости. Но в то же время от окутывавшего тепла становилось восхитительно уютно. Даже странный дух из штанов Лампи Ковальского отдавал печеным, по-своему даже приятным. (Шесть месяцев в году от его штанов фактически валил пар.) С другой стороны, радиаторы нагревались так сильно, что если ты по неосторожности облокачивался, то рисковал оставить на нем кусок тела. Самой скверной забавой с радиатором было, конечно, пописать на него в мальчиковой уборной. Получалась сильнейшая кислая вонь, на много дней пропитывавшая целое крыло школы, от нее невозможно было избавиться никакими выскребываниями и проветриваниями. По этой причине любого, кого ловили за этим делом, ждала немедленная расправа.

День в школе был по большей части занят одеванием и раздеванием. Изматывающе утомительный процесс. Большую часть утра занимало разоблачение от уличной одежды, а большую часть пополудни — облачение в нее, при условии, что ты нашел все свое в беспорядочно перемешанной куче одежек, усеивавших пол раздевалки слоем толщиной не меньше метра. Сцена, похожая на лагерь беженцев; по крайней мере трое малышей, заливаясь слезами, бродят, отыскивая варежку или ботинок. В такие моменты учителей почему-то не видно.

У ботинок в те дни были чудные неподдающиеся застежки, которые одновременно щипали и резали, отчего получались вправду интересные раны, особенно когда руки у тебя онемели от холода. Производители могли с таким же успехом делать застежки из бритвенных лезвий. Из-за того что они представляли смертельную опасность, дело заканчивалось тем, что ты оставлял их расстегнутыми, что считалось шиком, но ботинки набивались снегом, так что бóльшую часть дня ты ходил в насквозь промокших носках, которые со временем вытягивались в три раза больше ступни. В результате у всех ребят с октября по апрель текло из носу.

В Гринвуде не было кафетерия, и все были вынуждены ходить обедать домой, то есть каждый день приходилось одеваться и раздеваться по четыре раза, или шесть раз, если учителю хватало ума устраивать переменку на улице. Моему дорогому другу, путанику Бадди Доберману, так много приходилось переодеваться, что он часто терялся и спрашивал у меня, надевать шапку или снимать. И всегда был весьма благодарен за совет.

Среди многих тысяч вещей, которые никогда полностью не понять мамам — мужественности, находящей выражение в травяных пятнах, удовлетворения от громкой отрыжки или других эффектных извержений, потребности время от времени дуть в соломинку или сосать через нее, — зимние одевания, пожалуй, всегда, к великому несчастью, занимали видное место. Все мамы в пятидесятые годы жили в вечном страхе перед идущими из Канады холодными фронтами и посему настоятельно требовали, чтобы их чада по крайней мере семь месяцев в году носили чудовищное количество утепляющей одежды. Главным образом это находило выражение в виде нижнего белья — хлопчатобумажное белье, фланелевое белье, теплое белье, стеганое белье, рубчатое белье, белье с подбитыми ватой плечами и, возможно, какое-нибудь еще; в Америке 1950-х была *уйма* белья, — так что ты наверняка не погиб бы за те любые десять минут, которые проводил на улице.

Чего они не принимали во внимание, так это то, что ты, накрепко спелёнутый лишней одеждой, был не в состоянии сгибать и разгибать конечности и если уж падал, то ни за что не мог подняться без посторонней помощи. Слоистое белье, кроме того, очень раздражало при посещении туалета. Производители делали отверстия на каждом предмете, но они никогда полностью не совпадали. Во всяком случае, если у тебя членик размером с желудь, достать его из семи-восьми слоев белья, тем более удержать в руках, значило требовать слишком многого. Всякий раз в уборной можно было услышать минимум одно страдальческое восклицание: кто-нибудь терял свой отросток в самый ответственный момент и лихорадочно шарил рукой, ища пропажу.

Матери также никак не могли понять, что за некоторые предметы одежды в определенные периоды ты получал взбучку. Если, к примеру, после шести лет ты появлялся в рейтузах, тебе перепадало. Если на тебе была шапка с ушами или, того хуже, с завязками под подбородком, тебе тоже наверняка досталось бы: на худой конец сунули бы за воротник пару пригоршней снега. Самым последним делом, самой большой нелепостью было носить галоши. Нестильно, бесполезно, и даже само название звучало по-дурацки и унизительно. Если мама в любое время года заставляла тебя носить галоши, это было смертным приговором. Я знал ребят в средней школе, которым девчонки отказывали в свидании, потому что помнили, как они в третьем классе носили галоши.

Среди учителей я не был любимчиком. Меня любила только миссис Де Вото; она любила всех детей большей частью потому, что не знала, кто из нас кто. Во всех моих дневниках она писала: «Билли поет с воодушевлением», за исключением одного-двух раз, когда написала «Бобби поет с воодушевлением». Но я ей простил, потому что она была добрая и от нее хорошо пахло.

Остальные учительницы — все старые девы — крупные, грузные, подозрительные, несостоявшиеся, властные и злые. От них к тому же странно пахло — смесью камфары, конфеток с ментолом и обильно накладываемой пудры: они были убеждены, что щедро напудриться — все равно что принять ванну. Многие из них пудрились годами, но это не помогало.

Им обязательно надо было знать о странных вещах, что приводило меня в недоумение. Если ты просился выйти в уборную, они хотели знать, по-первому или повтором, — любопытство, которое я считал не совсем здравым. К тому же дома у нас так не говорили. Дома ты просто шел «в уборную», не делая громких заявлений о своих намерениях. Поэтому когда я в первый раз попросил разрешения выйти, то не имел ни малейшего представления, что имела в виду учительница, когда спрашивала, хочу ли я по-первому или по-второму.

— Ну, я не знаю, — во всеуслышанье признался я. — Мне надо по-большому. Может, штуки три-четыре.

За это меня отправили в раздевалку. Меня часто посылали туда, главным образом по причинам, которых я совсем не понимал, но никогда не был против. В конечном счете странное наказание: тебя оставляли наедине со всей едой, что приносили с собой ученики, с их личными вещами, и никто не видел, куда ты залезешь. Кроме того, здесь можно было почитать все, что захочется.

Как ученик, успехами я не поражал. В моем дневнике по итогам первого семестра первого класса было лишь одно замечание учительницы: «Билли тихо разговаривает». И всё. Ничего о моем поведении, моем уверенном чтении, моей привлекательной улыбке или уверенности в себе; только скупое и загадочное: «Билли тихо разговаривает». После второго семестра было написано: «Билли все еще тихо разговаривает». Во всех остальных дневниках до самого последнего, кроме добросовестных записей миссис Де Вото о моем воодушевленном извлечении громких звуков, разделы замечаний пустовали. Словно меня не было. Вообще-то меня частенько не бывало.

Дошкольная группа — мое первое знакомство с Гринвудом — занималась только полдня. Ты посещал либо утренние занятия, либо занятия после полудня. Я был записан во вторую группу, весьма удачно, если учесть, что в то время я вставал незадолго до полудня.

(В нашем доме все были «совами».) Одно из моих первых детсадовских впечатлений: ты являлся во второй половине дня, с нетерпением ожидая, когда начнем рисовать цветными мелками, а вместо этого тебя укладывали на коврик немножко вздремнуть. В 50-е отдыхать приходилось много; думаю, это было каким-то образом связано с убеждением, что сон препятствует распространению полиомиелита. Но поскольку я только что встал, казалось несколько чудны́м ложиться снова. На следующий год получилось еще хуже, потому что полагалось являться к 8.45 утра, а я в это время бывал не очень активен.

Для меня лучшее время — поздний вечер. Я любил смотреть десятичасовые новости с Рассом Ван Дайком, самым лучшим ведущим теленовостей (даже лучше Уолтера Кронкайта), затем «Морскую охоту» с Ллойдом Бриджесом в главной роли (какой-то гений на этом телеканале решил, что 10.30 вечера — хорошее время для сериала, который нравится детям, и он был прав), а потом усаживался за кучу комиксов. Я редко засыпал до полуночи, так что, когда мать утром будила меня, мне очень не хотелось вставать. Посему, если мог, я не шел в школу.

Возможно, я бы совсем не ходил, если бы не бумага для мимеографа. Из всех трагических утрат после 1950-х, возможно, самой большой была утрата бумаги для мимеографа. Она буквально опьяняла благоухающим сладким ароматом бледно-голубой краски. Две глубокие затяжки запахом свежеоткатанного на мимеографе листа — и я становился добровольным рабом системы образования на ближайшие семь часов. Зайдите в любой притон любителей крэка и спросите завсегдатаев, с чего началась зависимость, уверен, они вам назовут и бумагу с мимеографа. В понедельник утром я вставал сам, потому что в этот день раздавали свежеоткатанные на мимеографе листы. Я прятал в них лицо и уносился в свой особый мир с зелеными лугами, где все бегали босиком, а в воздухе плыли мягкие звуки свирелей. В большинстве остальных дней недели я добирался до школы поздним утром или не приходил совсем. Боюсь, учительницы принимали это на свой счет. Во всяком случае они меня никогда не любили. Во мне было что-то такое странное: полусонная мечтательность и безнадежная забывчивость, отсутствие сообразительности, неизменное обиженное недоверчивое выражение, — и это их раздражало. Они, разумеется, не любили всех детей, особенно мальчиков, но среди не любимых ими детей, думаю, особое предпочтение отдавали мне. Я все делал не так. Забывал вовремя возвращать школьные бумаги. Забывал приносить домашние печенья на классные праздники и рождественские открытки и валентинки к соответствующим праздникам. На все мероприятия являлся с пустыми руками. Помню, как-то в детсадовской группе в своего рода отчаянии просто показал пустые руки.

Если в школе намечалась экскурсия, я никогда не помнил, что надо принести записку с согласием родителей, даже если мне напоминали каждый день на неделе. Так что в день экскурсии все уныло сидели в автобусе, пока секретарь директрисы пыталась по телефону разыскать мою мать, чтобы получить ее согласие. Но мать, как всегда отвечали, вышла выпить кофе. Весь, черт бы его побрал, женский отдел без конца прерывался на кофе. Если не на кофе, то на ленч. Откровенно говоря, это еще чудо, что женский раздел в газете все же существовал. В конце концов секретарь подходила ко мне с грустной улыбкой, и я никуда не ехал.

Итак, автобус уезжал без меня, а я проводил остаток дня в школьной библиотеке, против чего не особенно возражал. Я же пропускал не поездку к Большому каньону или на мыс Канаверал. Это был Де-Мойн. А в Де-Мойне лишь два места, куда возили школьников на экскурсии, — хлебозавод «Уандер бред» на углу Второй авеню и Университетской, где можно было наблюдать, как в огромном помещении по конвейерным лентам движутся свежеиспеченные хлебные изделия под весьма поверхностным наблюдением равнодушных бездельников в бумажных колпаках (мне не избавиться от впечатления, что школьные экскурсии устраивались ради их развлечения), и музей Исторического общества штата Айова, самое тихое и бедное событиями здание в мире, когда вы обнаруживали, что не так уж много произошло в Айове, — откровенно говоря, совершенно ничего, включая ледниковый период.

Чаще приходилось попадать в унизительное положение, когда требовалось принести деньги на сберегательные марки. Сберегательные марки были вроде облигаций, но меньшей стоимости. Ты давал учительнице двадцать или тридцать центов (два доллара, если твой папаша был адвокатом, хирургом или ортодантистом), и она выдавала тебе соответствующее количество патриотично исполненных марок — по одной за каждые десять центов, — которые ты облизывал и наклеивал в квадратики книжки сберегательных марок. Когда ты заполнял книжку, то у тебя накапливалось 10 долларов сбережений, а Америка становилась много ближе к разгрому коммунизма. Я и сегодня еще помню, как они выглядели: розовато-красные, с изображением ополченца времен Войны за независимость в треуголке, с мушкетом и решительным взглядом. Покупать сберегательные марки было священным патриотическим долгом.

Один день в неделю — я не мог бы сказать сейчас который, не мог сказать и тогда — мисс Грампи, или мисс Лесбос, или маленькая толстушка мисс Скуот объявляли, что время собирать деньги на сберегательные марки

США, и все ученики в классе, кроме меня, немедленно лезли в парту или портфель за белыми конвертами с деньгами и выстраивались в очередь у стола учительницы. Для меня каждую неделю было чудом, откуда все остальные ученики *знали*, в какой день полагалось приносить деньги и как им удавалось *помнить* об этом. Это для Брайсона было слишком.

Был удачный год, когда в моей книжке скопилось аж четыре марки (две из них наклеены вверх ногами); во все остальные было пусто. Мы с матерью ни разу не вспомнили о своем священном долге. У всех ребят Баттеров было больше марок, чем у меня. Каждый год учительница показывала мою печально пустующую книжку в качестве примера того, как не надо поддерживать свою страну, и все смеялись — тем особенным истошным смехом, каким дети смеются, когда их подстрекают взрослые посмеяться над одним из них. Самый жестокий смех в мире.

Несмотря на неприятности, которые я сам на себя навлекал, в школе мне нравилось, особенно нравилось чтение. Нас учили читать по книжкам про Дика и Джейн, в плотных твердых переплетах, обтянутых прочной красной или синей материей. Они были написаны короткими фразами крупным шрифтом, и там была уйма акварельных иллюстраций, показывающих счастливую, процветающую, красивую, законопослушную, но занимательно чудную семью. В книжках про Дика и Джейн Отец всегда называется Отцом, а не папой или папочкой и всегда носит костюм, даже в воскресенье за ленчем; даже когда в выходной день едет на ферму навестить Дедушку с Бабушкой. Мать всегда Мать. Она всегда главная, на ней всегда чистый, украшенный оборками фартук. Семья не имеет фамилии. Живут они в обнесенном частоколом прелестном домике на приятной улице, но у них нет радио или телевизора и в ванной нет туалета (и в *их* семье не приходится решать: по-первому или по-второму?). У детей — Дика, Джейн и маленькой Салли — только самые простые и существующие во все времена игрушки: мяч, тележка, змей и деревянная парусная лодочка.

Никто никогда не кричит, не истекает кровью, не плачет беспомощно. Нигде ничего не подгорает, не проливается (и никто не напивается). Нигде не скапливается пыль. Всегда ярко светит солнце. Пес никогда не гадит на газоне. Никаких тебе атомных бомб, ребят семейства Баттеров, никаких цикад-убийц. Все всегда чистые, здоровые, надежные, работящие, все американцы, и все белые.

В каждом рассказе о Дике и Джейн содержался какой-нибудь простой, но важный урок — уважай своих родителей, делись с другими, будь вежлив и готов помочь другому, и, самое важное — будь трудолюбив. Труд, если взять «Растем вместе с Диком и Джейн», был восемнадцатым словом, которое мы узнавали. Меня удивляло, что они тянули так долго. Труд — вот чем ты был занят в нашем мире.

Я был очарован семьей Дика и Джейн. Они таким удивительным, замечательным образом отличались от моей собственной семьи. Особенно вспоминаю одну картинку, на которой все члены семьи Дика и Джейн ради забавы стоят на одной ноге, высоко подняв другую, и пытаются схватить большой палец поднятой ноги и не потерять равновесие, не упасть. Видно, что всем очень весело. Я глядел и глядел на эту картинку, понимая: ни при каких обстоятельствах, никакими пушками не заставить пойти на это никого из членов моей семьи.

Ввиду того, что книжки про Дика и Джейн в Гринвуде были десяти-пятнадцатилетней давности, они изображали уже ушедший мир. Автомашины старомодные, автобусы тоже. Магазины, куда часто забегали члены семейства, каких теперь нет: магазины домашних животных со щенками в витрине, магазины игрушек с деревянными игрушками, бакалейные лавки, где товары доставал для вас веселый мужчина в белом фартуке. Я находил все это очаровательным. В их мире не было грязи или боли. Они даже могли ходить в бабушкин курятник собирать яйца и не давиться от вони и даже безумно радоваться куриному помету. Удивительный мир, идеальный мир, дружелюбный, здоровый, безопасный, лучше реального. У книжек про Дика и Джейн была лишь одна большая странность: о чем бы ни говорили их персонажи, они разговаривали не так, как реальные люди.

«— Вот мы и на ферме, — вылезая из машины (одетый, между прочим, в коричневый костюм), говорит Отец в одном из типичных отрывков и, словно робот, добавляет: — Привет, Бабушка. Вот мы и на ферме.

— Привет, — отвечает Бабушка. — Смотрите, кто приехал. Это моя семья. Смотрите, смотрите! Это моя семья.

— Ой, смотрите! Вот мы и на ферме, — добавляет Дик, тоже с удивлением обнаруживая, что он в деревне, в окружении своих близких. У него, кажется, тоже что-то заело в голове. — Вот мы и на ферме, — продолжает он. — А вот и Бабушка! Вот мы и на ферме».

Нечто подобное на каждой странице. Каждый персонаж говорит ну прямо как человек, у которого вынули мозги. Долгое время меня это беспокоило. Я тогда находился под очень сильным впечатлением от фильма «Вторжение похитителей тел», который, на мой взгляд, был так убедительно ужасен, что я принимал его более или менее за правду и года три чрезвычайно внимательно наблюдал за своими родителями, ища признаки того, что их захватили чужие формы жизни, пока в конце концов не понял: это безнадежное дело. Первый признак того, что они стали «коконами», — это если бы они начали вести себя *более адекватно*. Тогда я долгое время задавался вопросом, а не захватили ли семью Дика и Джейн (или, в действительности, ибо я не был конченым дураком, создателей семьи Дика и Джейн), и теперь они пытаются размягчить нас и использовать в своих целях. В моих глазах это имело смысл.

Мне до того нравились книжки про Дика и Джейн, что я забрал их домой. (В раздевалке были кучи лишних экземпляров.) Они у меня сохранились до сих пор, и время от времени я в них заглядываю. И я все еще хочу увидеть семью, в которой все стараются дотянуться до большого пальца.

Когда я заполучил книжки про Дика и Джейн и мог читать их на досуге, лакомясь из стаканчика мороженым или поглядывая вполглаза телевизор, то не видел больше необходимости ходить в школу. Так что частенько и не ходил. Во втором классе я часто уклонялся от уговоров матери вставать. Это выводило ее из себя — она дважды тяжело вздыхала и молча фыркала, — но я довольно быстро понял, что, если полностью обмякну и не стану реагировать, буду лежать как куль, лишь еле-еле шевелиться и невнятно бормотать о плохом самочувствии — она в конце концов бросит меня тормошить и уйдет со словами: «Если бы сейчас здесь был отец, он был бы *взбешен*».

Но все дело в том, что его не было. Он был в Айова-сити, или в Колумбусе, или в Сан-Франциско, или в Сарасоте. Он всегда где-то был. В результате узнавал о моих делах только дважды в год, когда ему давали просмотреть и подписать мой дневник. В этих случаях мать ожидали неприятности большие, чем меня.

— Как можно совершить $26^1/_4$ прогулов за семестр? — страдальчески морщась, говорил он. — И откуда, коль на то пошло, взялась четверть прогула? — Он продолжал страдальчески глядеть на мать. — Ты что, иногда посылала в школу только часть его? Что, ноги оставались дома?

Мать тихо, раздраженно хмыкала, но никогда не вдавалась в подробности.

— Я просто не понимаю, — продолжал отец, уставившись на дневник, словно это была ведомость неизвестно откуда взявшихся издержек. — Шутки в сторону. Думаю, единственный выход — военная академия.

У отца было необъяснимо глубокое влечение к военным академиям. Где-то в темном углу его характера таилась мысль о постоянном, возведенном в систему наказании. Реклама этих заведений изобиловала на задней обложке «Нэшнл джеографик» — почему там, не знаю, — и я часто видел на них пометки отца. На рекламе всегда изображался чем-то озабоченный юнец в серой военной форме, с винтовкой у плеча, слишком большой для него, и под ним примерно такой текст:

Военная академия Кэмп Хардшип
УЧИМ ПАРНЕЙ УБИВАТЬ С 1867 ГОДА
Специализируемся на выработке характера
и избавлении от гомосексуальных привычек.
Чтобы узнать подробности, пишите:
почтовый ящик 1, Чикен Гиззард, Теннесси.

Дело кончилось ничем. Он написал, запросив рекламную брошюру — отец был страстным любителем всякого рода рекламных брошюр и каталогов, если они были бесплатными, — и узнал, что плата за обучение была равна стоимости спортивной модели «остин хили» или поездки в Европу, и отбросил эту фантазию, как бросают, обжегшись, горячую тарелку. Правда, я, во всяком случае, не был убежден, что военные академии такое уж плохое дело. Мысль, что в учебный план включались винтовки, штыки и взрывчатка, была очень соблазнительной.

Раз в месяц в школе проходили учения по гражданской обороне. Звучала сирена — особая неотложная сирена, означавшая не пожарные учения и не грозовое предупреждение, а ядерное нападение агентов темных сил коммунизма, — и все вскакивали со своих мест и залезали под парты, обхватив голову руками, свертываясь калачиком в ожидании ядерной атаки. Я, должно быть, пропустил несколько учений, потому что, когда это случилось в мое присутствие, не имел никакого представления о том, что происходит, и сидел как зачарованный, пока все вокруг падали на пол и, как маленькие автомашины, припарковывались под партами.

— Что это? — спросил я зад Бадди Добермана.

— Атомная бомба, — послышался слегка приглушенный голос. — Но все о'кей. Думаю, только тренировка.

Помню, я страшно удивился, что все считают маленькую деревянную парту надежным убежищем в случае, если на Де-Мойн сбросят атомную бомбу. Но, очевидно, все принимали это всерьез, так как даже учительница, маленькая толстушка мисс Скуот, тоже засунула себя под свой стол — или, по крайней мере, столько себя, сколько могла, примерно 40 %. Когда до меня дошло, что меня никто не видит, я предпочел не принимать в этом участия. Я уже умел залезать под парту и был уверен, сии навыки освежать не требуется. А потом, каковы шансы, что Советы станут бомбить Де-Мойн?

Спустя несколько недель я заговорил об этом с отцом, когда мы в одну из воскресных поездок обедали в ресторане отеля «Джефферсон» в Айова-сити. Он в ответ странно ухмыльнулся, заметив, что в Омахе, всего в восьмидесяти милях к западу от Де-Мойна, находится штаб командования стратегической авиацией, откуда в случае войны будет осуществляться руководство всеми американскими операциями. На штаб Советы будут сбрасывать все, что смогут, а это, конечно, немало. Если ветер подует в нашу сторону, мы в Де-Мойне через полтора часа будем по заднее место в радиоактивной пыли. «А к ночи все помрем, — весело добавил он. — Все».

Не знаю, что меня больше встревожило — что я не знал о серьезной опасности или что отец находил перспективу полного нашего уничтожения такой забавной, — но и то и другое укрепило меня в убеждении: ядерные учения не имеют смысла. Жизнь слишком коротка, и все мы так или иначе умрем. Лучше потратить время на то, чтобы с виноватым видом, но настойчиво потрогать расцветающую грудь Мори О'Лири. Во всяком случае, я перестал участвовать в учениях.

Так что однажды утром во время третьего или четвертого учения мне, пожалуй, немного не повезло. Миссис Чудовищно Огромная Грудь, директриса, в сопровождении человека в военной форме из Авиационной национальной гвардии штата Айова совершала инспекционный обход и обнаружила меня сидящим в одиночестве за партой, углубленным в чтение комикса о приключениях Человека-Светильника и Асбестовой женщины, в окружении покинутых парт, под каждой из которых торчали подошвы ботинок и детские зады.

Ну и досталось же мне! Это было хуже, чем просто попасть в беду. Прежде всего досталось за неисполнение обязанностей маленькой толстушке мисс Скуот, и она с тех пор навсегда глубоко и непоправимо обозлилась на меня.

Мой собственный позор был поистине неисчислимым. Я поставил в неловкое положение школу.

Осрамился сам. Нанес оскорбление стране. От пренебрежительного отношения к подготовке к ядерной войне всего полшага до государственной измены. Я был совсем безнадежен. Не только тихо разговаривал, часто прогуливал, не покупал сберегательных марок и порой являлся в девчоночьих брюках, но, вполне очевидно, происходил из большевистской семьи. Остаток своего учения в начальной школе я так или иначе провел в раздевалке.

Глава 9

ФИНАНСОВЫЙ ВОПРОС

В Вашингтоне, округ Колумбия, киллер Джон А. Кендрик дал показания, что ему предлагали 2500 долларов за убийство Майкла Ли, но он отказался, потому что «если бы я уплатил налоги из этой суммы, то что бы у меня осталось?».

«Тайм»,
7 января 1953 года

Если отбросить все виды занятий, при которых приходится смотреть, трогать или любым другим образом иметь дело с фекалиями и блевотиной, что в той или иной форме делали ассенизаторы, больничные санитарки и т. п., — работать разносчиком вечерних газет в 1950-х и 1960-х годах было, пожалуй, самым худшим в истории. Начать с того, что ты доставлял вечерние газеты шесть дней в неделю, с понедельника по субботу, а затем вставал затемно в воскресенье и разносил воскресные газеты. А вот разносчики утренних газет каждую неделю имели выходной. Почему они заслуживали день отдыха, а мы, разносчики вечерних газет, нет — вопрос, который, кажется, не волновал никого.

Во всяком случае, работать, как раб, семь дней в неделю означало, что ты не мог никуда уехать на ночь или еще как-нибудь отвлечься, не найдя себе замену, а это всегда доставляло столько хлопот! Подменяющий неизменно доставлял газеты не туда, или забывал показаться, или ему надоедало и оставшиеся тридцать экземпляров он засовывал в большой почтовый ящик на углу Тридцать седьмой улицы и Сент-Джон-роуд, так что для тебя все кончалось неприятностями с подписчиками, главами отделов распространения «Реджистера» и «Трибюн» и почтовым ведомством Соединенных Штатов, — и все это из-за того, что тебе захотелось отдохнуть первый раз за сто шестьдесят дней. Какая уж тут справедливость?

Я начал работать разносчиком газет, когда мне было одиннадцать. До двенадцати лет не разрешалось трудиться на этом поприще, но отец, страстно желавший, чтобы я нашел место в жизни и заработал грыжу еще до того, как возмужаю, поднажал где надо и добыл мне участок в самом богатом районе города, усеянном пышными особняками*, рядом с Гринвудской школой. Лакомый кусок — представил его мне ответственный за участки мистер Мак-Тринити, человек не слишком высокой репутации. Но что правда, то правда — к особнякам вели самые длинные дорожки через самые просторные газоны, что занимало целые минуты, а в некоторых случаях много целых минут, чтобы доставить каждую из газет. А вечерние газеты в те времена весили тонну.

К тому же я был рассеянным. Тогда мое восприятие реального мира было в лучшем случае незначительным, а из-за долгой ходьбы, свежего воздуха и отсутствия чего-либо занимательного мне было не устоять перед любой мимолетной фантазией или догадкой, уносившей в заоблачные высоты. Я мог, например, поразмышлять над Миром Причуд. Это была планета, которая фигурировала в некоторых выпусках комиксов о Супермене. Обитатели Мира Причуд делали все наоборот: ходили и ездили задом наперед, выключали телевизоры, когда хотели посмотреть передачи, ехали на красный свет и останавливались на зеленый и так далее. Мир Причуд страшно меня беспокоил, потому что так невероятно противоречил всему. Как бы то ни было, жить

---

* Это были замечательные дома. В здании, известном как Дом Уоллеса, грандиозной кирпичной махине на углу Тридцать седьмой улицы и Джон Линд-роуд, жил Генри А. Уоллес, в 1941–1945 гг. вице-президент США. Среди многих видных фигур, ночевавших здесь, были два президента, Теодор Рузвельт и Уильям Хауард Тафт, и самый богатый человек в мире, Джон Д. Рокфеллер. В мои времена этот район был самым жадным на чаевые (*примеч. автора*).

задом наперед просто невозможно. На бензоколонках пришлось бы сливать горючее, вместо того чтобы заправляться. Как же тогда будут ездить машины? Есть пришлось бы, засасывая известно что через заднее отверстие, пропускать через себя и выплевывая на вилки и ножи огромные куски. Это уж никуда не годилось.

Исчерпав тему, я обычно посвящал добрый отрезок времени вопросу «а что, если?»: что бы я делал, если бы стал невидимкой (пошел бы домой к Мэри О'Лири, когда она принимает ванну), или если бы остановилось время и на земле двигался один я (забрал бы в банке кучу денег и отправился домой к Мэри О'Лири), или если бы я смог загипнотизировать всех на свете (то же самое), или нашел волшебную лампу и мог исполнить два желания (то же самое), или что-нибудь еще. Все фантазии в конечном счете вели к Мэри О'Лири.

Затем я мог перейти к чему-то, не поддающемуся точному определению. Почему мы так уверены, что видим одни и те же цвета? Может, то, что я вижу как зеленое, ты видишь как синее. Кто вообще может сказать? А когда ученые говорят, что собаки и кошки не различают цвета (или наоборот — никак не запомню, как на самом деле), откуда они *знают*? Какая собака им об этом сказала? Как перелетные птицы узнают, за какой птицей лететь? А что, если показывающей путь птице просто захочется побыть одной? А когда видишь двух повстречавшихся муравьев, какими сведениями они обмениваются? «Привет, Чуткие Усики!» — «Не пугайся, но у этого малого, что глядит на нас, спички и зажигалка». И как они узнают, что им надо делать? *Что-то* говорит им: надо пойти и принести лист или песчинку... Но что и каким образом?

И тут до меня вдруг доходит, что я не помню, чем в действительности сознательно занимался все это время, не помню ни одного из сорока семи домовладений, которые посетил, и не знаю, оставил ли там газету или просто подошел к двери, постоял минутку, как работающий со сбоями автомат, потом повернулся и ушел.

Нелегко описать огорчение, которое овладевает тобой, когда, дойдя до конца маршрута, обнаруживаешь в сумке шестнадцать недоставленных газет и не имеешь ни малейшего представления — ни малейшего представления! — кому их надо было доставить. Бо́льшую часть своих предшествовавших зрелости лет я провел сначала проходя пешком длиннющие газетные маршруты, потом повторяя большую их часть заново. Иногда дважды.

Разносить газеты семь дней в неделю было недостаточно, приходилось еще собирать деньги за подписку. Так что по крайней мере три вечера в неделю вместо того, чтобы, задрав ноги, смотреть «Поединок» или «Внешние рубежи», надо было возвращаться и уговорами выуживать деньги у неблагодарных клиентов. Это, несомненно, была худшая часть работы. А самым худшим в этой худшей части было получить деньги с миссис Вандермейстер.

Миссис Вандермейстер стукнуло семьсот, а возможно, и восемьсот лет, и она была перманентно прикреплена к алюминиевым ходункам. Сгорбившаяся, очень маленькая, беспамятливая, по-черепашьи медлительная, интересно вонючая, практически глухая. Раз в день она выходила из дома, чтобы съездить в супермаркет на машине размером с авианосец. Ей требовалось два часа, чтобы дойти от дома до машины, и еще пара часов, чтобы выехать по дорожке в переулок: отчасти из-за того, что миссис Вандермейстер никак не могла найти нужную педаль, а отчасти потому, что при переключении скоростей она переводила рукоятку не более чем на четверть дюйма за раз и, кажется, лишь отдаленно представляла, зачем нужно время от времени поворачивать баранку. Все в переулке хорошо знали: нельзя никуда выходить между десятью часами и полуднем, потому что в это время миссис Вандермейстер выводит свой автомобиль.

Выехав на шоссе, миссис Вандермейстер становилась еще опаснее. Хотя до супермаркета было всего три четверти мили, на память приходили сцены на улицах Памплоны, когда по ним гнали быков. Водители и пешеходы в ужасе шарахались в стороны. Надо сказать, когда машина миссис Вандермейстер неслась по улице в вашем направлении — зрелище это было не для слабонервных. Сначала казалось, что машина без управления, так как водителя не было видно, да и ехала она таким образом, что редко находилась полностью на проезжей части, особенно на поворотах. Обычно из-под машины сыпались искры от какого-нибудь значительного предмета — мотоцикла, мусорного ведра, ее собственных ходунков, — которые она собирала по пути, а потом всюду волокла за собой.

Получить с миссис Вандермейстер деньги было вечным кошмаром. В парадной двери у нее было небольшое окошко, в которое хорошо просматривалась передняя, ведущая в гостиную. Если звонить с интервалами в пятнадцать секунд в течение часа и десяти минут, можно было рассчитывать, что в конце концов до старушенции дойдет: кто-то стоит у дверей. «Кого там черт несет? — крикнет она про себя и начнет продолжающийся весь вечер процесс продвижения со стула до находящейся в двадцати пяти футах двери, со стуком переставляя перед собой ходунки. Минут через двадцать она дойдет до передней и примерно со скоростью таянья льда станет приближаться к двери. Иногда она забывала, куда шла, и начинала поворачивать к кухне или ванной, и, чтобы вернуть ее на правильный путь, ты принимаешься звонить изо всей мо́чи. Когда наконец она подходит к двери, тебе необходимо еще полчаса, дабы убедить ее, что ты не убийца.

— Я газетчик, миссис Вандермейстер! — кричишь ты через маленькое стеклянное окошко.

— Мой газетчик Билли Брайсон! — кричит она в ответ.

— Я и есть Билли Брайсон! Посмотрите на меня в окошко, миссис Вандермейстер! Поглядите сюда! Вы узнаете меня, если посмотрите сюда, миссис Вандермейстер!

— Билли Брайсон живет через три дома! — кричит миссис Вандермейстер. — Вы ошиблись домом! Не знаю, почему вы попали сюда!

— Миссис Вандермейстер, я собираю деньги на подписку! Вы должны мне три доллара шестьдесят центов.

Когда наконец тебе удается убедить ее открыть дверь, она всегда удивляется, увидев тебя. «О, Билли, ты меня испугал!» — говорит она. А потом начинается новая вечность, пока она, шаркая, пошатываясь и мурлыча себе под нос, уходит искать сумочку, еще полчаса, когда она возвращается переспросить, сколько с нее, еще один крюк в сторону туалета или кухни, и, наконец, объявление, что у нее нет столько наличных и чтобы я зашел в другой раз.

— Но не откладывай надолго! — кричит она. — Я отдам за две недели доллар и двадцать центов. Скажи Билли, когда его увидишь.

Миссис Вандермейстер, по крайней мере, извиняло то, что она была дряхлой, выжившей из ума старухой. Что действительно доводило до бешенства, так это когда тебя заворачивали нормальные люди, обычно им было некогда дотянуться до кошелька или сумочки. Чем богаче, тем вероятнее, что тебя завернут — всегда с очаровательной извиняющейся улыбкой и словесными извинениями.

«Ладно, хозяйка. Я страшно рад, что добирался до вас на велосипеде милю с четвертью по снегу глубиной три фута, в самый холодный вечер в году и возвращаюсь с пустыми руками, потому что у вас в треклятой духовке пекутся пироги и еще не высох лак на ногтях. Нет проблем!»

Я, конечно, не говорил ничего подобного, но стал обкладывать их штрафами. К счетам, предъявленным богачам, я добавлял пятьдесят-шестьдесят пенсов, говоря, что поскольку месяц начался со среды, то в расчет идет лишних полнедели. Эти лишние несколько дней в начале или конце месяца можно было показать на их кухонном календаре. Это всегда срабатывало, особенно с мужчинами, если они уже приняли порцию-другую коктейля, а так бывало всегда.

— Ну и сукин сын, — удивленно крутили они головой, и ты клал в карман лишние деньги.

— Знаете, может, ваш босс каждый месяц вам недоплачивает, — иногда любезно добавлял я.

— Ага, ну да, — говорили они с беспокойством.

Другой опасностью у богачей были их псы. По своему опыту знаю: у бедняков собаки злые, и бедняки это знают. У богачей собаки злые, но богачи отказываются это признавать. В те времена собак было тысячи, они населяли каждый дом — большие собаки; ворчливые собаки; глупые собаки; крошечные шустрые раздражающие собачонки, которых хотелось пнуть ногой; собаки, которым хотелось тебя обнюхать; собаки, которым хотелось на тебе посидеть; собаки, лаявшие на все, что двигалось. А еще был Дьюи. Дьюи — черный лабрадор размером с медведя — принадлежал семейству Халдеманов, проживавшему на Террас-драйв. Меня он ненавидел. С другими людьми был просто большим нежным слюнявым комом. Но меня Дьюи хотел видеть мертвым по причинам, о которых он отказывался поведать, да я и не думаю, что сам он знал. Просто имел на меня зуб. Халдеманы, смеясь, отвергали мысль, что Дьюи — злой пес, и невозмутимо игнорировали советы держать его на привязи, как и требовалось по закону. Они были республиканцами — никсоновскими республиканцами — и потому не считали, что законы имеют одинаковую силу для всех.

Мне было особенно страшно по утрам в воскресенье, когда в темноте Дьюи становился черным и невидимым, если не считать зубов, и во всем спавшем мире существовали только он и я. Дьюи засыпал там, где его сваливал сон, — когда у передних дверей, когда у задних, когда в старой конуре у гаража, когда на дорожке, но всегда снаружи, — так что он был всюду и всегда на миллиметр от пробуждения и нападения. Я, затаив дыхание, целую вечность крался по дорожке к пяти широким скрипучим ступенькам и тихонько оставлял газету на коврике, зная, что вот-вот услышу поблизости низкое угрожающее рычание, которое будет продолжаться, пока я задом, с почтительными поклонами, не удалюсь. Изредка — но достаточно часто, чтобы держать меня в постоянном страхе, — Дьюи, захлебываясь лаем, бросался на меня, и приходилось с визгом мчаться по газону, прикрывая руками зад, и, вскочив на велосипед, бешено крутить педали, натыкаясь на пожарные гидранты и фонарные столбы и обычно получая больше травм, чем если бы я дал Дьюи догнать меня и маленько покусать.

Все это так ужасно, что не описать словами. Хуже самого нападения было только ожидание следующего раза. Единственное утешение — в ближайшие двадцать четыре часа ты больше не встретишься с Дьюи. Это чувство должно быть знакомо пилотам, возвращающимся домой после опасной бомбежки.

В таком приподнятом настроении я одним свежим мартовским утром доставлял газету в дом за полквартала от дома Халдеманов, когда Дьюи, ставший вдруг в два раза больше ростом, с ничем не оправданной свирепостью бросился на меня из-за угла дома Мак-Манусов. В оставшиеся мне микроскопические доли секунды я подумал, что это очень несправедливо. Так не должно было быть. Мне же было так хорошо.

Прежде чем я смог осмысленно среагировать, Дьюи больно укусил меня за ногу ниже левой ягодицы и повалил на землю. Потом немного проволок меня — помню, как я пальцами цеплялся за траву, — потом внезапно отпустил и смущенно, игриво гавкнув, нырнул в бордюр из кустов, откуда появился. Злой и порядком потрепанный, я доковылял до ближайшего фонаря и оглядел свои штаны. Джинсы были разорваны, на мягком месте небольшой след укуса и немного крови. Болело не очень сильно, но на следующий день появился великолепный багровый синяк, который я показывал в школьном туалете многим тонким ценителям, включая мистера Грубера, странного немого школьного уборщика, который наверняка сбежал *из одного* места за высокими стенами и которого никогда не видели в таком возбуждении, как на этот раз. А мне после школы пришлось идти к врачу, который влепил мне укол от столбняка.

Несмотря на доказательство — мою рану, Халдеманы отказывались поверить, что это их пес набросился на меня. *«Дьюи?* — смеялись они. — Да Дьюи никого не обидит, голубчик. Он же боится собственной тени». И снова принимались смеяться. На меня напал, уверяли они, *другой* пес.

Всего через неделю Дьюи напал на мать миссис Халдеман, приехавшую погостить из Калифорнии. Он повалил ее на землю и чуть не покусал лицо. К счастью для матери миссис Халдеман, дочь выбежала вовремя, чтобы спасти мать и убедиться в ужасной правде о своем любимце. Дьюи увезли в закрытом фургоне, и больше никто никогда его не видел. Не думаю, что я когда-нибудь испытывал большее удовлетворение. Однако передо мной так и не извинились. Правда, я каждый день тайно вкладывал в их газету злого духа.

Богатые люди, по крайней мере, не переезжали, не предупредив тебя. У моего друга Дага Уиллоуби участок был на более деклассированном конце Гранд-авеню, состоявшем в большинстве из странно пахнувших многоквартирных домов, густо населенных лицами без определенных занятий, лежачими больными. Люди вели разговоры через стены, и не всегда приятные. Все его дома были мрачные, с голыми полами, длинными и слабо освещенными коридорами, и ты не знал, что там, на другом конце. Чтобы просто пойти туда, требовались решимость и мужество. Время от времени Уиллоуби обнаруживал, что клиент переехал (или его увели в наручниках), не рассчитавшись, и Уиллоуби приходилось покрывать недостачу. Таковы были условия. «Реджистер» никогда не платил из своего кармана, это была прерогатива разносчика газет. Как-то Уиллоуби говорил мне, что в лучшую неделю он зарабатывал 4 доллара — и это включая рождественские чаевые.

Зато я надежно процветал, особенно когда вступили в силу мои добавочные штрафы. Незадолго до своего двенадцатого дня рождения я был в состоянии заплатить 102,12 доллара наличными — огромную сумму (в кассе деньги считали довольно долго, ибо они были в разменной монете) — за портативный черно-белый телевизор с убирающейся антенной. Новая изящная модель из светло-серого пластика с ручками управления, расположенными сверху — интереснейшее новшество, — и такая стильная. Я отнес ее в свою комнату, включил, и с тех пор меня редко видели в доме.

Каждый вечер я уносил ужин на подносике к себе и почти не видел родителей, за исключением особых случаев, вроде дней рождения и Дня благодарения. Конечно, иногда мы натыкались друг на друга в передней, да иногда жаркими летними вечерами я присоединялся к ним на крытой веранде выпить чаю со льдом, но большей частью каждый жил сам по себе. Так что с этого времени дом стал больше походить на пансион, прелестный пансион, где люди хорошо ладили между собой, но уважали и ценили уединенность друг друга, — чем не семейное жилье?

Все это казалось мне совершенно нормальным. Оглядываясь назад, я думаю, что мы не были ужасно близки в обычном смысле. Родители всегда были дружны, даже привязаны друг к другу, но это не бросалось в глаза. Мать всегда занималась тем, что набрасывалась на грязные воротнички или пригоревшую к духовке картошку — всегда на что-то набрасывалась, — а отец либо отсутствовал, освещая спортивные события, либо читал у себя в комнате. Очень редко они ходили в кино, в кинотеатр «Варсити»; там время от времени показывали комедии Питера Селлерса, в которых они души не чаяли, или же в библиотеку, но главным образом оставались дома, радуясь возможности побыть в одиночестве в разных комнатах.

Каждый вечер в одиннадцать или чуть позже я слышал, как отец спускался в кухню, чтобы приготовить себе перекусить. Легкие закуски отца вошли в историю. На приготовление их уходило не меньше получаса и требовался самый разборчивый и методичный подбор ингредиентов — крекеры «Ритц», большая банка горчицы, пшеничные ростки, редис, десять печений «Хайдрокс», огромная чашка шоколадного мороженого, несколько ломтиков мясного рулета, свежевымытый салат-латук, мягкий сыр, арахисовое масло, арахисовые леденцы, одно-два яйца вкрутую, чашечка орехов, арбуз по сезону или банан, — все аккуратно очищено, подровнено, нарезано ломтиками, кубиками и привлекательно разложено на большом коричневом подносе, чтобы взять с собой и потом часами наслаждаться. Ни одна из таких легких закусок не содержала менее двенадцати тысяч калорий, по крайней мере 80 % их в виде холестерина и насыщенных жирных кислот, и тем не менее отец не прибавлял ни унции веса.

С этими перекусываниями отца связана еще одна примечательная особенность. Он готовил закуски, будучи с голым задом. Разрешите сразу сказать, он был с голым задом не для того, чтобы закуски стали лучше, а потому, что он просто ходил по дому с голым задом. Одна из его маленьких причуд — спать раздетым ниже пояса. Он считал, так удобнее и здоровее, и посему спал в одной майке. И когда поздно вечером спускался стряпать себе закуску, то всегда был одет (или раздет) подобным образом. Одному Бóгу известно, что думали проживавшие по соседству мистер и миссис Буковски, раздвинув занавески (что они наверняка делали) и разглядывая через проулок голозадого отца, шарившего по полкам, выбирая снедь.

Каким бы смятением ни были охвачены соседи, ничего подобного в нашем доме не случалось, потому что все уже крепко спали (что до меня, то я в темноте тихо смотрел телевизор). Но однажды вечером, кажется в 1963 году, это случилось, когда как-то в пятницу вечером отец спустился вниз, не зная, что сестра принимает гостей. А именно: она и ее лучшие подруги Нэнси Рикотта и Уэнди Спэрджин, расположившись в гостиной со своими мальчиками в темноте смотрели телевизор и прочищали языками друг дружке рты (так, во всяком случае, представлял я), когда их вспугнули свет на лестнице и звук шагов спускавшегося отца.

Как и в большинстве американских домов, гостиная в нашем доме соединялась со смежными помещениями проемом без дверей, в данном случае аркой шириною около шести футов, что практически означало отсутствие какого-либо уединения, поэтому звуки приближающихся шагов взрослого человека были приняты всерьез. Моментально приняв пристойные позы, шестеро девчат и ребят посмотрели на проход как раз в тот момент, когда там в призрачном мерцании телевизора возникли чуть вздрагивающие «щеки» отца, проследовавшего через гостиную на кухню.

Двадцать пять минут они сидели в молчании, зная, что отец тем же путем должен вернуться и на этот раз встреча будет нос к носу.

К счастью (насколько это слово применимо к данному случаю), отец, должно быть, краем глаза увидел их или слышал голоса, дыхание или что-то еще, потому что, возвращаясь с подносом, он облачился в сидевший на нем в обтяжку мамин бежевый плащ, создавая впечатление, что он не только странный извращенец, но что это случается с ним по ночам. Проходя мимо, он робко, но вежливо поздоровался с компанией и удалился по лестнице.

Сестра, кажется, не разговаривала с ним полгода.

Интересно, что примерно в то время, когда я приобрел телевизор, я понял — он стал мне не очень нравиться, точнее, что там *показывали*, хотя мне нравилось, что у меня есть телевизор. Мне нравились треки с болтовней и бессмысленным смехом. Чаще всего я оставлял его болтать в углу, как умалишенного родственника, и садился читать. К этому времени я много читал, отдавал чтению все свободное время. Один-два раза в неделю спускался в гостиную, где размещались два огромных (или так мне казалось) встроенных книжных шкафа. Они были набиты книгами родителей, в основном в твердых переплетах, из серии «Книги месяца», 1930–1940-х годов издания. Я выбирал три-четыре и уносил к себе.

Я не особо заморачивался с выбором, потому что мало представлял, какие книги получали высокую оценку критиков, а какие были пользовавшимся популярностью вздором. Среди многого прочего я прочитал «Рог торговца», «Мост Сан-Луи Рей», «Наши сердца были юны и беспечны», «Манхэттенская пересадка», «Ты меня знаешь, Эл», «Верная нимфа», «Потерянный горизонт», рассказы Саки, несколько шуточных антологий Беннетта Серфа, захватывающее описание жизни на острове Дьявола, озаглавленное «Несмазанная гильотина», и более или менее полные собрания сочинений П.Г. Вудхауза, С.С. Ван Дайна и Фило Вэнса. Особую слабость я питал — и думаю, что, возможно, был последним читателем, — к «Зеленой шляпе» Майкла Арлена с ее бесподобными именами: леди Пинте, Венис Поллен, Хью Сайпресс, полковник Виктор Дак и непревзойденный Трехоук Таш.

В одном из таких походов за книгами я наткнулся на одной из нижних полок на Ежегодник Университета Дрейка за 1936 год. Пролистывая его, к своему величайшему удивлению, обнаружил, что моя мать была в том году Королевой выпускников. На вклейке ее фотография — сияющей, стройной, юной, в сверкающей диадеме. Я пошел с книгой на кухню, где отец варил кофе.

— Ты знал, что мама была Королевой выпускников в Дрейке? — спросил я.

— Конечно.

— Как это было?

— Ее, разумеется, выбрали сами выпускники. Знаешь, твоя мама была красотка что надо.

— На самом деле? — Мне никогда в голову не приходило, что мать могла выглядеть иначе, чем поматерински.

— И все еще красотка, — великодушно добавил он.

Меня поразило, возможно, даже чуть выбило из колеи, что другие могут найти мою мать привлекательной или соблазнительной. Потом я вполне согласился с этой мыслью. Моя мать была, представьте себе, красавицей.

Я поставил книгу на место. На той же полке стояло восемь или девять томов, озаглавленных «Лучшие спортивные отчеты за 1950 год», и так далее почти за каждый год вплоть до текущего; в каждом тридцать-сорок лучших спортивных отчетов, подобранных кем-то хорошо известным, в том числе Редом Барбером. В каждом из томов содержалась работа — в некоторых случаях две — моего папы. Часто он был единственным провинциальным журналистом, включенным в сборник. Я сел у окна между шкафами и прочел залпом несколько отчетов. Это была замечательная работа. На самом деле. Одна великолепная строчка за другой. В одном из отчетов было описание, как футбольный тренер Университета Айовы Джерри Бернс в отчаянии метался взад и вперед по боковой линии, тогда как его злополучная, ушедшая в оборону команда позволяла команде Огайо забивать гол за голом. «Это был случай, когда защита ползала, а бегал Бернс», — писал отец. Открытие, что старый голозадый осел способен на подобные блестящие словесные взлеты, крайне меня поразило.

В свете таких воодушевляющих открытий я немедленно изменил историю Малыша по прозвищу Молния. В конечном счете я все же являлся их биологическим отпрыском — и был рад этому. Их генетический материал был и моим генетическим материалом — в этом никакого сомнения. По дальнейшем размышлении оказалось, что не я, а мой отец был отправлен на Землю с планеты Электро сохранить и передать будущим поколениям заветы Короля Волтона и его обреченной расы. Я подумал, что в этой версии куда больше смысла. В конце концов, где можно было найти лучшее место для взросления супергероя, как не в Уинфилде, штат Айова? Там наверняка и должно было быть задумано появление Малыша по прозвищу Молния.

К несчастью, как я теперь понимал, космическая капсула отца совершила жесткую посадку, и отец получил сотрясение, смывшее все из его памяти, за исключением несколько странных привычек — из них главные: болезненная экономность и нежелание после наступления темноты носить трусы, — и прожил всю жизнь в трагическом неведении, что обладает врожденной способностью применять непреодолимую силу. Зато это открытие сделал его младший сын. Вот почему для обладания электронной мощью мне требовалась особая одежда. По рождению я был землянин, поэтому не мог естественным путем обладать сверхъестественной мощью. Для этого мне требовалась волшебная футболка Зэпа.

Разумеется. Теперь все обретало смысл. На мой взгляд, эта история становилась все лучше и лучше.

Глава 10

ЗОНА «РИСКОВАННОГО ЗЕМЛЕДЕЛИЯ»

Мейсон-сити, Айова. Утром во вторник прелестная блондинка шутливо пощекотала мужа, чтобы тот встал подоить корову, и это обернулось трагедией. Новобрачная, миссис Дженни Беккер Бруннер, 22 лет, в камере окружной тюрьмы Серро Гордо, заливаясь слезами, сообщила, что застрелила своего мужа, Сэма Бруннера, 26 лет, из армейского кольта 45-го калибра. Миссис Бруннер сказала, они с мужем поссорились, после того как она пощекотала его, чтобы он встал с постели.

«Де-Мойн реджистер»,
19 ноября 1953 года

Одним убийством из-за щекотки больше, одним меньше, а Айова всегда оставалась на редкость спокойным и неприметным местом. За примерно сто шестьдесят лет существования штата здесь официально был сделан только один пушечный выстрел. Во время гражданской войны группа юнионистских солдат по причинам, которые, думаю, давно забыты, послала ядро через границу со штатом Миссури. Оно упало на поле по другую сторону и, безобидно подпрыгнув несколько раз, осталось лежать. Я бы не удивился, если бы миссурийцы погрузили его в фургон и привезли обратно. Во всяком случае никто не пострадал. Это было высшей точкой в военной истории Айовы.

Айова во всех делах и всегда гордо держалась середины. Она расположена посередине континента между двумя могучими центральными реками, Миссури и Миссисипи, и всегда числилась как раз посередине всего — по размеру, населению, избирательным предпочтениям, порядку вступления в Союз. Мы были чуть богаче, намного законопослушнее, более грамотными и образованными, чем в среднем по стране, съедали больше «Джелло» (намного больше — фактически, если честно, съедали весь), но в других отношениях не могли ничем слишком похвастаться. Тогда как другие штаты Среднего Запада более или менее регулярно выпускали в свет целую вереницу важных особ мирового класса — Марка Твена, Авраама Линкольна, Эрнеста Хемингуэя, Томаса Эдисона, Генри Форда, Ф. Скотта Фитцджеральда, Чарльза Линдберга, — Айова дала миру Донну Рид, Уайатта Ирпа, Герберта Гувера и того малого, что играл Фреда Мертца в «Я люблю Люси».

Главными достоинствами Айовы всегда были земледелие и дружелюбие — и то и другое, уверяю вас, получается у нас лучше, чем у кого-либо еще. В своей основе мы — сельскохозяйственный штат. Все в нем идеально подходит для выращивания. Он занимает всего 1,6 % пахотных земель страны, но четверть их относится к почвам высшего плодородия. В большинстве мест пахотный слой достигает толщины в три фута, то есть весьма значительный. Пошагайте по полю в Айове — и вы почувствуете, что можете утонуть по пояс. И наверняка по колени. Все равно что ходить по огромной сковороде с шоколадным пирожным. Климат тоже идеальный, если ты не против того, чтобы зимой перелопачивать тонны снега, а все лето прятаться от смерчей. По критериям остального мира, засух, по существу, не бывает, а дожди выпадают с поразительной пользой — достаточно сильные, чтобы насытить почву водой, но не настолько, чтобы повредить посевы или вымыть питательные вещества. Лето долгое и приятно солнечное, но изредка знойное. Растениям нравится расти в Айове.

В результате это один из максимально обрабатываемых ландшафтов на Земле. Кто-то подсчитал, что если бы в Айове не было ничего, кроме ферм, каждая размером в сто шестьдесят акров (предположительно оптимальный размер фермы), то хватило бы места для 225 тысяч ферм. В 1930 году, году наибольшего количества ферм, в штате насчитывалась 215 361 ферма — не так уж далеко от абсолютного максимума. Ныне из-за неумолимого слияния их количество значительно поубавилось, но 95 % ландшафта Айовы все еще находится под сельхозугодьями. Остающаяся малая толика занята под автострады, леса, разбросанные там и сям озера и реки, маленькие городишки и города побольше, а также под примерно двенадцать миллионов автостоянок.

Помню, однажды на ярмарке штата прочел, что фермы в Айове ежегодно производят продукции по стоимости больше, чем все алмазные копи мира, вместе взятые, — факт, который до сих пор наполняет меня гордостью. Штат остается на первом месте в стране по производству зерновых, яиц, свинины и сои и на втором — по общему сельскохозяйственному достоянию, уступая только Калифорнии, которая в три раза больше по площади. Айова производит десятую часть всех американских продуктов питания и десятую часть кукурузы во всем мире. Ура!

Когда я подрастал, все было хорошо как никогда. 1950-е годы часто называют последним золотым веком семейного фермерства в Америке, и лучше всего было в Айове. И не было места прекраснее, чем Уинфилд, веселый городишко в юго-восточном углу штата, недалеко от Миссисипи, где родился мой отец и жили дедушка с бабушкой.

В Уинфилде мне все страшно нравилось: красивая Главная улица, безмятежный покой, раскинувшиеся во все стороны поля, повсюду целебный воздух деревни. Даже название было солидным и уместным. Множество городов в Айове носили имена, которые звучали несколько отчужденно и, пожалуй, чуть странно — Мингоу, Писга, Тингли, Дайагонал, Элвуд, Кун Рэпидс, Рик765ттс, — но в этом зеленом, золотистом уголке штата названия городов были подобающими и приятными на слух: Уинфилд, Маунт Юнион, Колумбус Джанкшн,

Олдс, Маунт Плезант, непревзойденно лучезарный Морнинг Сан (Утреннее Солнце).

Дед по профессии был сельским почтальоном, но на окраине города у него имелась небольшая ферма. Землю он сдавал в аренду другим фермерам, за исключением трех-четырех акров, которые занимали сад и огород. Хозяйство включало большой скотный двор и со всех сторон было окружено, как мне казалось, огромными лужайками. Позади дома над всем господствовал необъятный дуб, опоясанный кругом белой скамьей. Казалось, в верхних ветвях его постоянно обитал собственный легкий ветерок. Здесь было самое прохладное место на сотню миль вокруг. Здесь тихим вечером ты садился лущить горох, или обрезать зеленую фасоль, или вертеть ручку, делая мороженое.

Домик дедушки с бабушкой был очень маленький — всего две спальни, одна наверху, одна внизу, — но необычайно уютный, и мне он всегда казался достаточно просторным. Спустя годы я побывал в Уинфилде и поразился, до чего же крошечным был дом.

С безопасного расстояния скотный двор выглядел самым подходящим местом в мире для всяческих игр. Он годами не использовался, разве что там сваливали старую мебель и другой ненужный хлам. Полно дверей, на которых можно было кататься, разные тайные кладовые и ведущие на темные сеновалы лестницы. Но вообще-то это было ужасное место, потому что там было грязно, темно, смертельно опасно и всюду воняло. На скотном дворе деда нельзя было пробыть и пяти минут, чтобы не стукнуться ногами о какой-нибудь сломанный механизм, не порезать руку о старую острую лопасть, не вляпаться по крайней мере в три вида старого скотского дерьма (лежавшего годами и все равно еще мягкого внутри), не ткнуться головой в усеянное гвоздями стропило или запутаться в липкой паутине, не оказаться опутанным с затылка до задницы куском колючей проволоки, не набраться заноз размером с зубочистку. Своего рода испытательный стенд твоей иммунной системы.

Но самое страшное, если представить, что за тобой захлопнется одна из тяжеленных дверей и ты навсегда останешься в вонючем мраке, слишком далеко от дома, чтобы могли услышать твои жалобные крики. Я представлял, как домашние, сидя вокруг обеденного стола, рассуждают: «Интересно, что стало с дорогим Билли? Сколько уже прошло? Пять недель? Шесть? Ему бы наверняка понравился этот пирог, правда? Я, если можно, съем еще кусочек».

Еще страшнее были наступавшие со всех сторон кукурузные плантации. Теперь кукуруза не растет так высоко, как раньше, потому что создали гибриды более малогабаритных форм, но, когда я был маленьким, она, угрожающе шурша, росла, как бамбук, достигая высоты восемь футов и больше, и занимала 56 290 квадратных миль сельскохозяйственных площадей Айовы. Нет более неотличимого от других, запутанного, как лабиринт, пугающего окружения, особенно для глупого маленького человечка, чем бесконечные одинаковые высоченные ряды кукурузы, каждый из которых, включая диагонали, представлял собой бесконечную враждебную растительную перспективу. Еще стоя на краю и заглядывая внутрь, ты знал, что, если отважишься углубиться чуть больше чем на несколько футов, ты уже никогда оттуда не выберешься. Если мяч падал в кукурузу, ты оставлял его там и, махнув рукой, шел домой смотреть телевизор.

Так что в Уинфилде я не слишком часто играл в одиночестве. Вместо этого много ходил за дедом. Моя компания ему, кажется, нравилась. Мы очень хорошо ладили. Дед мало разговаривал, но всегда охотно объяснял, что он делает, и был рад, если кто-нибудь мог подать ему масленку или отвертку. Звали его Питт Фосс Брайсон — на мой взгляд, самые лучшие имя и фамилия. Он был самым славным человеком в мире после Эрни Бэнкса.

Он вечно что-то переделывал — газонокосилку или стиральную машину; что-то с ремнями и лопастями вентилятора и уймой бешено вращающихся частей — и всегда довольно впечатляюще травмировался. В какой-то момент он брал вещь, залезал внутрь, чтобы что-то подрегулировать, почти тут же следовало: «Черт возьми!» — и он вытаскивал окровавленную, слегка помятую кисть. Какое-то время держал ее перед собой и, словно не узнавая, шевелил пальцами.

Наконец, обращаясь ко мне, произносил:

— Без очков не вижу. Сколько у меня пальцев?

— Пять, дедушка.

— Ну, тогда порядок, — говорил он. — А то уж было подумал, одного нет.

И отправлялся искать бинт или тряпку.

Где-то после полудня бабушка высовывала голову из задней двери со словами: «Отец, съезди в город и купи брюквы». Она всегда называла его «отец», хотя у деда было замечательное имя и он не был ей отцом. И всегда посылала за брюквой. Я никогда не мог взять в толк почему, поскольку не помню, чтобы кого-нибудь из нас когда-нибудь угощали брюквой. Может, это было зашифрованное слово, скрывавшее что-нибудь еще.

Поездка в город — настоящий праздник. До него всего четверть мили, но мы никогда не ходили пешком. Восседая на высоком сиденье дедушкиного «шевроле», ты чувствовал себя чуть ли не королем. Город в Уинфилде означал Главную улицу, два квартала дышащих покоем заведений, среди которых выделялись почта, два банка, пара автозаправок, бар, газетный офис, две небольшие бакалейные лавки, бильярдная и универсальный магазин.

Последней остановкой во всех поездках была угловая бакалейная лавка под вывеской «Бентеко», с раздвижной дверью, которая, к моему вящему удовлетворению, складывалась и раскладывалась самым невообразимым образом, превращая каждое посещение в событие. В «Бентеко» мне всегда дозволялось выбрать две бутылочки шипучки «Не-Хай» — одну к ужину, одну на потом, когда будем играть в карты или смотреть по телевизору Билко* или Джека Бенни. «Не-Хай» была шипучкой маленьких городов, — не знаю почему, но у нее был самый насыщенный вкус и самые яркие цвета изо всех продуктов, разрешенных для потребления Администрацией по контролю продуктов питания и напитков. Она выпускалась шести вкусов — винограда, клубники, апельсина, вишни, лайм-лимона (никогда не лимон-лайма) и корнеплодов, — каждый был до того насыщенным, что из глаз брызгали слезы, и так нагазирован, что казалось, глотаешь тысячу бритв. Замечательно.

В «Бентеко» этот напиток хранили в большом голубом охладителе, похожем на морозильный ящик, где бутылки рядами подвешивались за горлышко. Чтобы достать нужную бутылку, обычно требовалось довольно сложное маневрирование, перевод бутылок из одного ряда в другой, чтобы, скажем, взять последнюю емкость виноградной воды. (Виноградная, например, могла вы-

---

* Знаю, что программа никогда не называлась «Билко». Это была «Никогда не разбогатеешь», а потом «Шоу Фила Сильверса». Но мы называли ее «Билко». Все так называли. Она существовала всего четыре года (*примеч. автора*).

звать галлюцинации; однажды я, когда ее пил, увидел край Вселенной). Сам процесс, если выбирать позволяли тебе, был страшно занятным (особенно в жаркий день, когда можно нежиться во влажной прохладе охладителя), но превращался в пытку, если приходилось ждать, когда закончит выбирать другой малыш.

Еще одно дело, которому я уделял много времени в Уинфилде, — просмотр телевизора. У бабушки с дедушкой было для этого самое лучшее кресло — из бежевой искусственной кожи, откидывающееся назад, отчасти как в ярмарочной карусели, отчасти как место командира космического корабля, и страшно удобное. Вещь бесконечно красивая и полезная. Потянешь за ручку — тебя перемещает, нет — откидывает в полулежачее положение. Подняться обратно почти невозможно, но это ничего не значило, потому что тебе было так удобно, что не хотелось двигаться. Ты оставался лежать, смотря телевизор между раскинутых ног.

Телевизор у бабушки с дедушкой принимал семь программ — мы в Де-Мойне могли смотреть лишь три, — но только если поворачивать антенну на крыше посредством устройства, прикрепленного снаружи к задней стене дома. Так что, если ты хотел смотреть программу, скажем, из Оттумвы, деду приходилось выходить наружу и поворачивать ручку в одну сторону, а если из городов к северу, то в другую, если из Ватерлоо, то опять поворачивать, в каждом случае прислушиваясь к советам, доносившимся из окна. Если было ветрено или наблюдалась сильная солнечная активность, дед выходил из дому по восемь-девять раз. Во время любимых программ бабушки, таких, как «Как крутится мир» и «Королева дня», он обычно оставался снаружи, на случай, если пролетит самолет и в самый ответственный момент, к общему огорчению, превратит все в беспорядочную волнистость. Дед был самым терпеливым человеком на свете.

В те дни я много смотрел телевизор. Все мы увлекались этим. К 1955 году средний американский ребенок смотрел телевизор пять тысяч часов, начиная с нуля часов пять лет назад. Моими любимыми программами были, не в порядке предпочтения, «Зорро», «Билко», «Джек Бенни», «Доби Гиллис», «Любите этого Боба», «Морская охота», «Я вел три жизни», «Мальчик из цирка», «Сахарная нога», «Команда Д», «Облава», «Отец знает лучше», «Миллионер», «Дым от выстрела», «Робин Гуд», «Неприкасаемые», «К чему я клоню?», «У меня секрет», «Маршрут 66», «Превосходный человек» и «Сансет-стрип, 77», но вообще-то я смотрел все.

Самым любимым было шоу Бернса и Аллен с главными участниками Джорджем Бернсом и Грейси Аллен. Я был просто очарован им, ибо мне нравились действующие лица и их имена — Бланш Мортон, Гарри фон Зелл — и потому, что Джордж Бернс и Грейси Аллен были, на мой взгляд, самым забавным дуэтом. Джордж отличался каменным лицом, а Грейси всегда оказывалась в нелепом положении. У Джорджа в укрытии был телевизор, по которому он втайне от соседей мог узнавать, что они задумали, — это, по-моему, была блестящая идея, дававшая богатую пищу моей собственной фантазии. Бернс часто выходил из постановки, чтобы непосредственно пояснить аудитории, что происходит. Вся эта программа на годы обогнала свое время. Я не встречал никого, кто бы помнил о ней, тем более души в ней не чаял.

Летом почти каждый вечер мы ходили пешком в центр города, на тенистую лужайку у церкви, для участия в обильном общем обеде с оравой необъятных смешливых женщин во главе стола, с до невозможности обвисшими, как замоченное белье, складками на руках и шеях. Всех их звали Мейбл, и они сильно страдали от жары, хотя никогда не жаловались и оставались веселыми. Всю жизнь они отгоняли с еды лопаточками мух (как загипнотизированные ритмично махая руками), сдували с лиц упавшие пряди волос и заботились о том, чтобы каждый в радиусе пятидесяти ярдов не остался без бумажной тарелки с грудой сытной, но весьма необычной еды, а обеды в 1950-х, скажу вам, были в самом деле необычными. Главные блюда на этих угощениях почти всегда состояли из набора мясных хлебов и колбас, каждые размером с восьмицилиндровый мотор, все глазированные или заливные, украшенные и нафаршированные самыми невероятными ингредиентами, от которых они получали свои названия — колбасный рулет, перевернутый с арахисовым леденцом и сыром, или что-то вроде того. Почти все имели в названиях по крайней мере одно «и», а также одно «перевернутый». Движущей идеей, кажется, служило то, что ни одно блюдо не может быть перенасыщено специями или быть слишком необычным и что вся еда автоматически становится лучше, если ее перевернуть.

— Эй, Дуэйн, поди сюда, попробуй эту перевернутую запеканку с наперченной печенкой и сладкой кукурузой, — говорит одна из Мейбл. — Мейбл готовила. Вкуснятина.

— Перевернутую? — бесстрастно замечает Дуэйн: жди колкости. — Что случилось? Уронила?

— Ну, не знаю, может быть, — отвечает Мейбл, фыркая. — Тебе с шоколадной подливкой, или с бисквитом, или с арахисовым маслом?

— А как насчет всех трех?

— Даю!

Главные блюда дополняются ярко окрашенными желе «Джелло», блюдом штата; каждое, в свою очередь, содержит всевозможные компоненты — зефир, соленые крендельки, ломтики фруктов, рисовые сухарики, кукурузные чипсы; приходится брать всего понемножку, потому что все выглядит так вкусно. Рядом стоят по крайней мере еще два больших стола с мисками и блюдами намасленного картофельного пюре, плавающего в тушеных бобах, бекона, овощей в сметане, яиц со специями, маисового хлеба, горячих булочек, твердого печенья и десятка салатов из свежей капусты, моркови, лука. К тому времени, когда тебе наваливают еды на бумажную тарелку, она весит двенадцать фунтов и выглядит, как однажды выразился отец, явно неоперабельной. Но устоять перед настойчивыми уговорами множества Мейбл было невозможно.

На эти обеды приходили все, кто жил в округе. Неважно, к какой церковной деноминации ты принадлежал. Приходили все. Во всяком случае, все в городе были фактически методистами, даже католиками. (Мои родители, для сведения, были лютеранами.) Дело не в религии; собирались скопом на трапезу ради общения.

— Не забудь оставить место для десерта, — говорила одна из Мейбл, когда, шатаясь под тяжестью, ты отходил со своей тарелкой, но тебе не надо было напоминать, потому что десерты были баснословные, прославленные, являлись лучшей частью действа. В основном это были те же блюда, но без мяса.

В те немногие вечера, когда пропускали церковную вечеринку, мы угощались с обильного стола дома у бабушки с дедушкой, который часто выносили на лужайку. (В те дни считалось важным разделить обед с как можно большим количеством насекомых.) Само собой, там был рыгающий дядюшка Ди. И дядя Джек из Уапелло, примечательный тем, что ему никогда не удавалось закончить фразу.

«Скажу вам, что им надо было сделать», — говорил он в разгар оживленного разговора, но вклинивался кто-нибудь более говорливый, и никто так и не узнавал, что думал Джек. «Ну, если спросить меня...» — говорил он, но никто не спрашивал. В большинстве случаев разговаривали о хирургических удалениях и всевозможных болячках — разросшейся щитовидке и желчных камнях, прострелах, ишиасе, воде в коленках, — кажется, теперь такого не бывает. Все они казались такими старыми, такими медлительными, так любящими посидеть.

Но все, несомненно, были добрыми, благожелательными. Если появлялся гость не из семейного круга, всегда находился кто-нибудь, чтобы принести подтекающий стакан и предложить гостю выпить. Стакан был самой занятной штукой, какую я когда-либо видел. Причудливая посудина — как раз такая, которая годилась для угощения почетного гостя, — внешне выглядела вполне нормальной и на самом деле была вполне нормальной, пока вы ее не наклоняли. В гранях стакана были крошечные малозаметные прорези, остроумно сделанные под углом, так что каждый раз, когда стакан подносили ко рту, добрая доля содержимого вытекала струйками на грудь жертвы.

Было неописуемо весело следить, как ничего не подозревающий гость или гостья обливаются клюквенным соком или вишневкой (всегда чем-нибудь ярко окрашенным), а двенадцать человек с серьезным видом наблюдают за происходящим. Наконец, почувствовав мокрое, жертва опускает взгляд, восклицая: «О, черт возьми!» — и все взрываются хохотом.

Я не знаю ни одной жертвы, которая бы рассердилась или смутилась. Лучшая белая рубашка могла быть безнадежно испорчена, сами они выглядели так, словно их ранили в грудь, но вместе со всеми смеялись до слез. Боже правый, айовцы были весельчаками что надо.

Климат в Уинфилде был интереснее, чем в других местах. Здесь всегда было подчеркнуто жарче, холоднее, ветренее, шумнее, знойнее, суровее, чем где-либо еще. Даже когда с погодой ничего существенного не происходило, когда августовским днем стояла просто теплая мягкая погода, она была теплее и мягче, чем где-либо и когда-либо, и было так тихо, что можно услышать, как тикают часы в доме напротив.

Благодаря тому что Айова — плоская равнина, а бабушка с дедушкой жили на самой окраине города, можно было видеть все метеорологические явления задолго до того, как они приближались. Величественные грозы освещали небо на западе за два-три часа до того, как на Уинфилд падали первые капли дождя. Говорят о просторном небе на западе США, — возможно, так оно и есть, но вы нигде не видели таких высоченных облаков, таких высящихся наковален, как в Айове в июле.

Самые буйные безумства в Айове — на Среднем Западе — это торнадо, смерчи. Торнадо увидишь нечасто, потому что они скоротечны и в основном бывают ночью, так что ты лежишь в постели, слушая дикое неистовство снаружи, зная, что в любой момент смерч обрушится и разнесет в куски твое уютное гнездышко. Однажды дедушка с бабушкой были в постели, когда услышали прямо позади дома мощный рев, как будто, описывал дед, гудел миллиард ос. Дед встал и выглянул в окно, но, не увидев ни зги, вернулся в постель. Почти сразу шум удалился.

Утром он вышел забрать газету и с удивлением обнаружил, что автомобиль стоит на открытом воздухе. Дед был твердо уверен, что накануне вечером, как обычно, поставил машину в гараж. Потом понял: он действительно ставил машину в гараж, но гараж исчез. Машина стояла на бетонном полу. На ней не было ни царапины. А гаража больше не видели. Вглядевшись внимательнее, дед обнаружил, что один край разрушений проходил вплотную к дому. Росший у дома, перед окном спальни, кустарник был полностью уничтожен. Тогда дед понял, что та чернота, которую он увидел в окно, была смерчем, находившимся за стеклом в паре дюймов от его носа.

В юные годы я видел смерч лишь единожды. Он двигался у далекого горизонта справа налево подобно чудовищному апострофу, находился милях в десяти и потому был не страшен. Но даже при этом выглядел невообразимо могучим. Все небо было неестественно темным, тяжелым и низким, и все облака, каждая их прядь, со всех направлений, как в черную дыру, засасывались в середину вихря. Казалось, присутствуешь при конце света. Странное ощущение — сильный ровный ветер не толкает тебя сзади, а притягивает, как мощный магнит. Приходилось делать усилие, чтобы тебя не тянуло вперед. Вся мощь фокусировалась в этом бешено вращающемся, несущем разрушения пальце. В тот момент мы не знали, но он, продвигаясь, убивал людей.

На минуту-другую вихрь прервал движение и, казалось, встал на одном месте.

— Это, возможно, означает, что он идет на нас, — заметил отец, обращаясь к деду.

Я понял его слова так, что всем нам надо садиться по машинам и сколько есть мочи гнать в противоположном направлении. Если бы кто-нибудь предложил голосовать, я проголосовал бы за этот выбор.

Но дед лишь произнес: «Угу, возможно», не проявляя ни малейшего беспокойства.

— Видел ли ты когда-нибудь торнадо вблизи, Билли? — загадочно улыбаясь, спросил меня отец.

Я ошеломленно поглядел на него. Конечно же, не видел и не хотел. Эти штучки — делать вид, что ничего не боишься, — были ужаснее всего в поведении взрослых в пятидесятые годы.

— Что будем делать, если он двинется к нам? — страдальчески спросил я, зная, что ответ меня не обрадует.

— Хороший вопрос, Билли, потому что очень легко, удрав от одного смерча, врезаться в другой. Известно ли тебе, что больше людей погибает, пытаясь удрать от смерчей, чем по любой другой причине? — Он обернулся к деду: — Помнишь Бада и Мейбл Уэйдемейеров?

Дед довольно энергично кивнул, словно говоря: «Да кто может такое забыть?»

— Им следовало бы знать, что на ногах смерч не обогнать, — сказал дед. — Особенно на деревянной ноге Бада.

— Ногу-то нашли?

— Не-а. И Мейбл тоже не нашли... Знаешь, думаю, он снова двинулся.

Отец указал на смерч, за которым все мы внимательно следили. Спустя некоторое время стало очевидно, что тот действительно продолжил безопасное для нас движение на восток и больше к нам не приближался. Вскоре он оторвался от земли и вернулся в висевшие над ним черные тучи, словно его туда втянули. Почти сразу утих ветер. Отец с дедом вернулись в дом чуть разочарованные.

На следующий день мы съездили посмотреть места, где прошел смерч. Всюду были следы опустошения: поваленные деревья и столбы электропередач, разнесенные в щепки сараи, полуразрушенные дома. В соседнем округе погибли шесть человек. Думаю, никто из них не выражал беспокойства по поводу торнадо.

Что особенно запомнилось об Уинфилде, так это холод зимой. Дедушка с бабушкой были весьма экономны в отношении тепла в доме и имели привычку выключать на ночь котел, так что дом никогда не прогревался, за исключением кухни, когда там готовили что-нибудь к праздникам вроде Дня благодарения или Рождества. Тогда там было удивительно тепло, как в парной. Но в остальном жили словно в Арктике. Наверху была одна большая длинная комната, которую можно было разделить на две, протянув поперек занавеску. Она совсем не отапливалась, и на полу лежал самый холодный линолеум на свете.

Но было одно место еще холоднее: спальная веранда. Спальная веранда была шаткой пристройкой к задней части дома, только теоретически отгороженной от внешнего мира. Там стояла древняя, с провисшей сеткой кровать, на которой летом спал дед, когда было невыносимо жарко. Но иногда зимой, если в доме было полно гостей, ее тоже пускали в ход.

Единственное тепло на спальной веранде — тепло человека, которому случалось находиться здесь. А здесь было не более чем на пару градусов теплее, чем снаружи, — а снаружи было адски холодно. Так что для сна на спальной веранде требовалась подготовка. Во-первых, ты надевал длинное нижнее белье, пижаму, джинсы, трикотажную рубашку, старый дедушкин джемпер, купальный халат, две пары шерстяных носков на ноги и еще одну на руки, а также шапку с завязанными ушами. Потом ты залезал в постель, и тебя тут же накрывали дюжиной одеял, тремя попонами, всеми имеющимися в доме пальто, брезентом и куском старого ковра. Не уверен, клали ли поверх всего старый платяной шкаф, чтобы прижать все это. Все равно что спать под павшей лошадью. Первую минуту или около того было невообразимо холодно, потрясающе холодно, но постепенно из тела по капле сочилось тепло, и ты согревался, тебе становилось так уютно и не верилось, что всего несколько минут назад ты считал такое блаженство невозможным.

По крайней мере, пока ты не пошевелишься. Тогда обнаруживаешь, что тепло простирается только до поверхности кожи, и ни на микрон дальше. Изменить позу не было никакой возможности. Как только ты сгибал палец или колено, возникало ощущение, будто окунаешься в жидкий азот. Не было другого выбора, кроме как оставаться полностью неподвижным. Довольно странное и необычайно удивительное состояние — балансировать на тонкой грани между восторгом и муками.

Это было самое спокойное, самое безмятежное место на Земле. Через большое широкое окно в ногах постели открывался вид на голые поля, а за ними на городишко, названное Шведсбургом по национальной принадлежности его основателей, больше известное как Снузвиль — от щепотки табаку, которую местные обитатели, занимаясь делами, закладывали за щеку. Снуз — смесь табака и соли домашнего приготовления, которую держали между щекой и десной и из которой помаленьку выделялся и усваивался никотин. Она заправлялась ежечасно и постоянно была во рту. Отец говорил, что некоторые любители закладывали свежий комок, ложась спать.

Я никогда не был в Шведсбурге. Не было смысла — всего лишь небольшое скопление домов, — но зимней ночью далекие огоньки представлялись кораблем, плывшим далеко в открытом море. От них веяло покоем; глядя на них, я думал, что и обитатели Снузвиля, в свою очередь глядя на нас в Уинфилде, обретают такой же покой и уют. Отец рассказывал мне, что, когда он был мальчишкой, жители Снузвиля все еще говорили дома по-шведски. Некоторые едва знали по-английски. Это мне тоже очень нравилось — мысль, что там находится маленький аванпост Швеции, что там все едят селедку и черный хлеб, приговаривая по-шведски: «О да!», счастливые, оставаясь шведами в сердце американского континента. Во времена молодости моего отца, разъезжая по Айове, можно было регулярно встретить города и деревни, где все жители говорили на немецком, или голландском, или чешском, или датском, или почти на любом другом языке Северной и Центральной Европы.

Но эти дни остались в далеком прошлом. В 1916 году, отголоском мировой войны, англоговорящие американцы стали подозрительными по отношению к чужакам, и губернатор Айовы Уильям Л. Гардинг постановил, что в славном штате Айова отныне будет наказуемым говорить на любом иностранном языке в школах, в церкви и даже по телефону. Были горячие протесты и жалобы — людям придется отказаться от церковных служб на их языках, — но Гардинга они не тронули. «Нечего тратить попусту время на молитвы на других языках, кроме английского, — ответил он. — Господь слышит только английскую речь».

Мелкие языковые аванпосты один за другим постепенно исчезли. К 1950-м годам они практически перестали существовать. В то время никто еще не предполагал, что подобная судьба ожидает небольшие городки и семейные фермы.

В 1950 году в Америке насчитывалось шесть миллионов ферм. За полстолетия исчезло почти две трети.

В годы моего детства возделывалось более половины американского ландшафта; сегодня, благодаря расползанию бетона, осталось лишь 40 % — серьезная убыль за одно поколение.

Я родился в штате, где было двести тысяч ферм. Сегодня — намного меньше половины, и их число сокращается. Из семисот пятидесяти тысяч человек, проживавших на фермах в мое детство, полмиллиона — двое из каждых трех — больше там не живут. И этот процесс не ослабевает. Сельское население в Айове сократилось на 25 % в 1970-е годы и еще на 35 % — в 1980-е. Еще сто тысяч человек смело в 1990-е. А те, что остались, — старики. В 1988 году в Айове было больше 75-летних и старше, чем 5-летних и моложе. В тридцати семи округах из девяносто девяти — и приближается к половине — зарегистрировано больше смертей, чем рождений.

Это неизбежное следствие возросшей производительности и непрерывного слияния. Все больше старых ферм сливаются в суперфермы в три тысячи акров и больше. Считается, что к середине нынешнего столетия количество ферм в Айове может сократиться до десяти тысяч. Для площади размером с Англию сельского населения маловато.

Лишившись критической массы фермеров, большинство небольших городков в Айове в значительной степени вымерло. Поезжайте сегодня в штате куда хотите и всюду увидите пустующие городишки, пустынные дороги, развалившиеся скотные дворы, заколоченные дома. Куда бы вы ни поехали, все выглядит так, словно вы пропустили ужасную эпидемию, — полагаю, в известном смысле так оно и есть. То же самое в Иллинойсе, Канзасе и Миссури, еще хуже в Небраске и в Дакотах. Там, где когда-то были небольшие уютные городки, теперь пустуют даже главные улицы.

Уинфилд едва жив. Все заведения на Главной улице — магазин дешевых товаров, бильярдная, газетный офис, банки, бакалейные лавки — давно не существуют. В черте городка нельзя купить ничего съестного. Дом моего деда еще там — по крайней мере был там, когда я проезжал последний раз, — но нет скотного двора, и веранды, и тенистого дерева позади дома, и сада, и всего того, что делало его таким, каким он был.

Самое большее, что можно сказать, так это что я видел конец чего-то очень дорогого.

Глава 11

SOS! О ВЕРЕ ЛЮДЕЙ

ПРОЛЕЖАЛА В МОРГЕ 17 ЧАСОВ — ЖИВАЯ

Атланта, Джорджия (Юнайтед Пресс). — Отправленная в похоронный зал для бальзамирования пожилая женщина через 17 часов открыла глаза и заявила: «Я не умерла».

Владелец похоронного зала «Мердок Бразерс» У.Л. Мердок сказал, что двое его служащих потеряли дар речи.

Числившаяся как Джулия Столлингс, 70 лет, женщина после длительной комы, из которой вышла ночью в воскресенье, казалась потрясенной, но в остальном выглядела неплохо, сказал Мердок.

«Де-Мойн реджистер»,
11 мая 1953 года

Единственный раз, когда я сломал ногу, был и первым случаем, когда я понял, что на взрослых нельзя полностью положиться. Мне тогда было четыре года. Я баловался на детском гимнастическом снаряде «джунгли» у дома Артура Бергена, упал и сломал ногу.

Артур Берген жил дальше по улице, но, когда я к нему зашел, он был то ли у зубного врача, то ли где-то еще, так что, прежде чем вернуться домой, я решил повертеться на его новеньком гимнастическом снаряде.

Совершенно не помню, как я падал, но отчетливо помню, как, не в состоянии пошевелить правой ногой, лежал на сырой земле и смотрел на высившийся надо мной и окружавший со всех сторон снаряд, вдруг показавшийся ужасно большим и грозным. Помню также, что, подняв голову, посмотрел вдоль туловища на ногу, изогнутую под необычным — в самом деле совсем новым — углом. Стал на разные голоса звать на помощь, но никто не слышал. В конце концов я перестал кричать и немножко вздремнул.

В какой-то момент я открыл глаза. На меня сверху вниз смотрел мужчина в форменной одежде. Солнце светило прямо позади него, так что мне не было видно его лица; только темные очертания головы в фуражке в окружении яркого сияния.

— У тебя все в порядке, малыш? — спросил он.

— Я повредил ногу.

Он с минуту подумал.

— Ступай к маме, пускай положит на нее лед. Ты не знаешь таких... — Он взглянул на прикрепленную к поясу дощечку. — Махоловичей?

— Нет.

Он снова взглянул на дощечку.

— А. Дж. Махолович, Элмвуд-драйв, 3725.

— Нет.

— Ничего тебе не говорит?

— Нет.

— Это Элмвуд-драйв?

— Да.

— О'кей, малыш. Спасибо.

— Мне вправду больно, — сказал я. Но он ушел.

Я еще немножко поспал. Через некоторое время на дорожку у дома въехала миссис Берген и стала подниматься по ступенькам, неся в руках сумки с продуктами.

— Ты так простудишься, — весело заметила она, проходя мимо.

— Я повредил ногу.

Она остановилась и минуту подумала.

— Встань и походи. Самое лучшее. Ой, телефон! — и поспешила в дом.

Я ждал, когда она вернется, но она не вернулась.

— Эй! — прохрипел я. — Помогите.

Подошла сестренка Бергена, еще маленькая и потому несмышленая и бестолковая, и недоверчиво поглядела на меня.

— Сходи позови свою маму, — сказал я. — Мне больно.

Она с пониманием, если не с сочувствием, посмотрела на мою ногу.

— Ой ты, — сказала она.

— Да, ой ты. Правда больно.

Повторяя: «Ой ты. Ой ты», она побрела прочь, очевидно, тут же выкинув меня из головы.

Спустя некоторое время вышла миссис Берген с грудой выстиранного белья.

— Тебе, должно быть, и вправду нравится здесь лежать, — засмеялась она.

— Миссис Берген, я думаю, что действительно повредил ногу.

— На этом маленьком гимнастическом снаряде? — недоверчиво улыбнулась она, но подошла взглянуть поближе. — Не думаю, голубчик. — И вдруг: — Боже милостивый! Твоя нога! Она же повернута задом наперед!

— Мне больно.

— Еще бы не больно, еще бы не больно. Оставайся здесь.

И ушла.

В конечном счете через некоторое время почти одновременно подъехали на машинах мистер Берген и мои родители. Мистер Берген был адвокатом. Когда взрослые поднимались по ступеням, я слышал, как он что-то говорил им об ответственности. Первым подошел ко мне мистер Берген.

— Теперь ты понимаешь, Билли, что формально ты нарушал...

Меня отвезли к молодому кубинскому врачу на Вудланд-авеню, и он тотчас пришел в ужас. Стал издавать такие же крики, как Дези Арназ в «Я люблю Люси», когда Люси совершала что-нибудь действительно безрассудное, — только он кричал над моей ногой.

— Не думаю, что могу с этим справиться, — произнес он и умоляюще поглядел на родителей. — Это на самом деле очень тяжелый перелом. Поглядите. Ужас.

Полагаю, доктор боялся, что его отправят обратно на Кубу. В конце концов его уговорили наложить мне на ногу гипс. Следующие полтора месяца моя нога оставалась в положении задом наперед. Как только сняли гипс, нога, ко всеобщему удивлению, стала на место. Доктор расплылся в улыбке.

— Вот что значит повезло! — весело сказал он.

Потом я поднялся и тут же упал.

Доктор охнул и снова приуныл.

— Нехорошо, да?

Подумав с минуту, он попросил моих родителей отвезти меня домой и проследить, чтобы до конца дня и ночью я не ступал на ногу. Посмотрим, что будет утром.

— Думаете, все будет в порядке? — спросил отец.

— Не имею представления, — ответил доктор.

На следующее утро я встал и осторожно наступил на больную ногу. Она была в полном порядке. Я походил. Прекрасно. Походил еще. Да, в самом деле прекрасно.

Я спустился вниз сообщить эту добрую весть и нашел мать в прачечной, сортирующей белье.

— Слушай, мам, с ногой все хорошо, — объявил я. — Я могу ходить.

— Хорошо, голубчик, — ответила она, не вынимая головы из сушилки. — Куда девался второй носок?

Я ни в коем случае не хочу сказать, что мать или отец были равнодушны к здоровью своих детей. Просто они, по-моему, считали, что все кончится лучшим образом, и всегда оказывались правы. В нашей семье никто подолгу не болел. Никто не умирал. Ничего особо дурного не случалось, — и коль на то пошло, ничего дурного не случалось ни в городе, ни в штате. Угроза, опасность были нечто такое, что имело место где-то далеко, в краях вроде Матсу, Куэмоя или Бельгийское Конго, таких отдаленных от нас, что никто точно не знал, где они находятся.

Сейчас трудно представить, как велик тогда был мир. Когда мы звонили по междугородному телефону бабушке с дедушкой в Уинфилд, а это происходило довольно редко, создавалось ощущение, что они говорят с нами с далекой звезды. Чтобы быть услышанным, надо было кричать, а чтобы уловить в ответ их слабые металлические голоса — затыкать другое ухо. Они находились в какой-то сотне миль, но даже в середине 1950-х это было весьма значительным расстоянием. Что-либо подальше — скажем, за Чикаго или Канзасом — становилось почти заграницей. И не просто потому, что Айова была далеко от всего. Все было далеко от всего.

В этом отношении Америка была особенно благословенным местом. Буфером справа и слева нам служили океаны, ни сверху, ни снизу не было беспокойных соседей, так что нечего было бояться. Даже мировые войны мало повлияли на нашу жизнь. Во время Второй мировой войны, когда до киномагната Джека Уорнера дошло, что с воздуха его голливудская студия неотличима от расположенного поблизости авиазавода, он приказал нарисовать на крыше стрелу и написать «Локхид дальше, там!», чтобы отвлечь японские бомбардировщики от нескольких драгоценных звезд, которые не пошли на войну, и указать правильную цель. Среди многих других доблестных героев, которые помогли Америке сыграть свою роль в достижении победы, были Гари Купер, Боб Хоуп, Фред Мак-Муррей, Фрэнк Синатра, Джон Гарфилд, Джин Келли, Алан Лэдд, Дэнни Кайе, Кэри Грант, Бинг Кросби, Вэн Джонсон, Дана Эндрюс, Рональд Рейган и Джон Уэйн.

Никто так и не узнал, поместил Уорнер этот указатель вполне серьезно или нет, но это, в сущности, неважно, потому что никто всерьез не ожидал (по крайней мере, после испуга в первые дни войны), что японцы нападут на континентальную часть США. В то же самое время на другом конце страны, когда один конгрессмен выразил озабоченность положением часовых на крыше Капитолия, которые несли тяжелую службу, не двигаясь и ни минуты не отдыхая, ему потихоньку сообщили, что это куклы, а их зенитные орудия — деревянные макеты. Не было смысла попусту использовать людей и вооружение для охраны цели, по которой никогда не нанесут удар, пусть даже это штаб-квартира правительства США.

Для сведения: один воздушный налет на континентальную часть страны имел место. В 1942 году летчик по имени Нобуо Фудзита поднялся в воздух с прибрежных вод штата Орегон на специально модифицированном гидроплане, доставленном туда на подводной лодке. Хитрый замысел Фудзиты заключался в том, чтобы сбросить на леса Орегона зажигательные бомбы, вызвав крупные пожары, которые, если бы все пошло по плану, вышли бы из-под контроля и охватили значительную часть Западного побережья, уничтожая сотни людей и заставляя американцев рыдать при мысли, что весь этот ущерб причинил один косоглазый, прилетевший на самолете. В данном случае бомбы либо сгорели впустую, либо вызвали лишь незначительные локализованные пожары.

Кроме того, в течение ряда месяцев японцы при благоприятных ветрах запустили через Тихий океан около девяти тысяч больших бумажных шаров с тридцатифунтовыми бомбами, которые должны были взорваться через сорок часов после запуска — столько, по расчетам, требовалось на то, чтобы пересечь океан и достичь Америки. Им удалось отправить на тот свет нескольких любопытных, последние слова которых были вроде того: «Как ты думаешь, что это, черт возьми, за штука?» — но в остальном они почти не причинили вреда, хотя один шар долетел аж до Мэриленда.

Потом, в годы холодной войны, вся эта уютная безопасность сразу испарилась, когда Советский Союз, чтобы сравняться с нами, разработал баллистические ракеты дальнего действия. Мы вдруг оказались в мире, где в любой момент без предупреждения на нас, где бы мы ни находились, могло свалиться что-то страшно разрушительное. Это было пугающее и выбивающее из колеи понимание, и мы ответили в духе 1950-х.

Целый ряд лет, едва раскрыв журнал, вы тут же узнавали о новом разрушительном чуде, которое в одно мгновение сметет всех с лица Земли. Художник Чесли Боунстелл специализировался на сверхреалистично выглядевших иллюстрациях смертоносных творений рук человеческих, изображая ракеты с боеголовками, величественно (захватывающе!) бороздящие американское небо или взлетающие с гигантских космических станций на красиво освещенной, дивно изображенной Луне.

Дело в том, что изображения Боунстелла выглядели такими фотографически точными, словно мы смотрели на то, как это происходило на самом деле. Помню, как с безграничным восхищением и неуместным желанием увидеть в реальности я разглядывал в журнале «Лайф» иллюстрацию Боунстелла, изображавшую Нью-Йорк в момент ядерного взрыва; поднимающееся над знакомым ландшафтом центра Манхэттена гигантское грибоподобное облако и второе облако, расползающееся над отдаленными очертаниями Куинза. Иллюстрации эти были задуманы, чтобы напугать зрителей, а на деле возбуждали живой интерес*.

Я не хочу сказать, что мы действительно хотели, чтобы Нью-Йорк разрушили, — по крайней мере не совсем так. Просто говорю, если бы это когда-нибудь случилось, то можно было дополнительно увидеть красочную сторону этого события. Все мы погибли бы, но нашими последними словами были бы сказанные от души и восхищенно: «Вот это да!»

Затем, в конце 1950-х, Советы быстро добились в космической гонке явного преимущества. Пошли слухи, что они установят на геостационарных орбитах, прямо над нами, вне досягаемости наших, подобных комарам, самолетов и слабеньких пушек, гигантские космические платформы и с этого удобного насеста будут бросать бомбы всякий раз, когда мы их рассердим.

На самом деле этого никогда не могло случиться. Из-за вращения Земли из космоса нельзя просто бросать бомбы, словно баллоны с водой. Во-первых, они не упадут, а станут летать по орбите. Так что требовалось каким-то образом выстреливать ими, и с такой точностью доставки, которая в 1950-х была просто

---

* Боунстелл довольно интересная личность. Большую часть своей трудовой деятельности до 1938 года он был известным в Калифорнии архитектором. В возрасте 50 лет внезапно оставил эту работу и стал работать художником кино в Голливуде, занимался художественным оформлением многих известных фильмов. Параллельно начал иллюстрировать журнальные статьи о полетах в космос, создавая яркие образы лун и планет, как они выглядели бы в глазах землян. Так что, когда в пятидесятые годы журналам потребовались живые иллюстрации космических станций и пусковых площадок на Луне, выбор, естественно, пал на него. Боунстелл скончался в 1986 году в возрасте 98 лет (*примеч. автора*).

невозможна. Во всяком случае, из-за того что Земля вращается со скоростью примерно тысяча километров в час, чтобы поразить данную цель, вам пришлось бы овладеть крайне точными траекториями. Любая бомба, запущенная из космоса, скорее всего, упадет на пшеничное поле в Канзасе, нежели пробьет крышу Белого дома. Если бы взаимные бомбежки из космоса были реальностью, космические станции насчитывались бы сотнями, поверьте мне.

Однако единственными людьми, кто это знал в 1950-х, были ученые, специализирующиеся в космической отрасли, но они не собирались сообщать об этом всем и каждому, иначе мы не дали бы им денег на разработку их честолюбивых программ. Так что журналы и воскресные приложения газет распространяли захватывающие дух россказни о смертельной угрозе сверху, потому что их репортеры знали не больше других — или не желали знать больше — и потому что у них были все эти фантастические рисунки, разглядывать которые было таким удовольствием.

Таким образом, земные опустошения стали в это необычайно раздвоенное десятилетие постоянной угрозой и предметом занятного увлечения. В выпускаемых общественными службами фильмах нам показывали, что личные убежища могли служить не только защитой от радиоактивных осадков, но и местом приятного времяпрепровождения. Мама с папой и детишками могут там дневать и ночевать, возможно, в конечном счете годами. А почему бы и нет? У них уйма сублимированных продуктов питания и большой выбор настольных игр. «А с этим портативным педальным генератором и двумя юными добровольцами с крепкими мышцами маме с папой не надо беспокоиться, что погаснет свет!» И никакой школы! О такой жизни стоило подумать.

Для тех, кто не желал лезть под землю, «Портленд цемент ассосиейшн» предлагала ассортимент сверхпрочных «Жилищ атомного века!» — особых, «полностью бетонных взрывостойких домов», позволяющих владельцам уцелеть при «взрыве бомбы силой, эквивалентной 20 000 тонн ТНТ на расстоянии в 3600 футов от поверхности земли». Так что русские могли сбросить бомбу прямо по соседству, а вы, удобно расположившись в доме, читали бы вечернюю газету, не подозревая о начавшейся войне. Можете представить, что, воздвигнув такое жилище, вы не захотите посмотреть, насколько хорошо оно противостоит ядерной угрозе? Конечно же, да. Пускай эти паразиты бросают свою бомбу! Мы *подготовлены*!

И не только ядерное опустошение очаровывало и возбуждало нас. Мир кино напоминал, что на нас в равной мере могут напасть летающие тарелки или пришельцы с негнущимися конечностями и металлическими голосами, вооруженные ружьями со смертоносными лучами; знакомил нас с возбуждающей возможностью драки с гигантскими мутантами-насекомыми, неуклюжими мегакрабами, пробудившимися динозаврами, чудовищами из земных глубин и одной разъяренной пятидесятифутовой женщиной. Не представляю, чтобы многие, даже те, кто сегодня преданно голосует за республиканцев, верили, что подобное может произойти, но отдельные вещи, например НЛО и инопланетяне, тогда выглядели намного убедительнее, чем сегодня. Не забывайте, это было время, когда широко бытовало убеждение в возможности существования цивилизаций на Марсе и Венере. Казалось возможным почти все.

И даже такие более серьезные журналы, как «Лайф» и «Лук», «Сатердей ивнинг пост», «Тайм» и «Ньюсуик», находили достаточно места для статей о самых интересных сценариях конца света. Согласно различным предположениям, таким возможностям не было конца. Могло взорваться или внезапно потухнуть Солнце. Земля могла пройти сквозь сверкающее великолепие хвоста кометы, мы окунулись бы в губительную радиацию. Мог начаться новый ледниковый период. Или Земля — сойти с верной орбиты и, как оторвавшийся воздушный шарик, уплыть из Солнечной системы в холодный, лишенный света угол Вселенной. Многие из представлений о межпланетных путешествиях сводились к необходимости уйти от неизбежных опасностей и начать новую жизнь в костюмах с более занимательно подбитыми плечами, укрывшись под куполом где-нибудь в отдаленной галактике.

Были ли люди серьезно озабочены всем этим? Кто знает? Кто знает, что думали в 1950-х и думали ли вообще. Все, что мне известно, так это что любой просмотр журналов того времени свидетельствует о любопытной смеси безграничного оптимизма и какого-то острого отчаяния. В 1955 году свыше 40 % людей считали, что раньше чем через пять лет будет глобальная катастрофа, возможно, в виде мировой войны, и половина из них были уверены — это и станет концом человечества. Однако те же самые люди в то же самое время были заняты приобретением новых домов, устройством плавательных бассейнов, вкладывали деньги в акции, облигации и пенсионные фонды и вообще вели себя как люди, собиравшиеся прожить долгую жизнь. Невообразимое время.

Но даже по необычно растяжимым критериям того времени мои родители были непостижимо непробиваемыми, когда что-то вызывало беспокойство. Насколько могу судить, они не боялись ничего, даже вещей, которые по-настоящему волновали других. Взять полиомиелит. Полиомиелит периодически выступал в Америке на первый план с конца 1800-х годов (почему он тогда внезапно появился — вопрос, похоже, не имеющий ответа), но особенно свирепствовал в начале 1940-х годов и держался в масштабах эпидемии до середины следующего десятилетия, ежегодно сообщалось о тридцати-сорока тысячах случаев. В Айове худшим годом был 1952-й, первый полный год моей жизни, тогда было отмечено более трех с половиной тысяч случаев — приблизительно 10 % от показателя по стране или почти в три раза больше обычной доли Айовы, — из них сто шестьдесят три со смертельным исходом.

Тому было несколько причин. Во-первых, никто не знал, откуда болезнь появилась и как распространяется. В большинстве случаев эпидемии имели место летом, так что люди связывали полиомиелит с летними занятиями вроде пикников и купания. Поэтому не положено было сидеть в мокрой одежде или глотать воду в бассейне. (Полиомиелит действительно передавался через зараженную пищу или воду, но вода в плавательных бассейнах, обычно хлорированная, была одной из безопасных стихий.) Во-вторых, он несоразмерно поражал детей в раннем возрасте, причем с симптомами нечеткими, изменчивыми и всегда трудно определимыми. Даже самый лучший доктор на свете был не в состоянии определить, начался у ребенка полиомиелит, или же грипп, или обыкновенная простуда. Для заболевших последствия были непредсказуемыми. Две трети пострадавших через три-четыре дня полностью выздоравливали без каких-либо долговременных пагубных последствий. Но другие оказывались частично или полностью парализованными. Некоторые даже не могли без посторонней помощи дышать. В Соединенных

Штатах умирало примерно 3 % заболевших; в других странах при вспышках погибало до 30 %.

Неудивительно, что в населенных пунктах, где появлялись сообщения о случаях полиомиелита, поднималась паника. Согласно книжке «Растем вместе с Диком и Джейн», истории пятидесятых годов, при первых признаках новой вспышки «детей держали подальше от переполненных плавательных бассейнов, вытаскивали из кинотеатров и среди ночи увозили домой из летних лагерей. Напуганную страну преследовали появлявшиеся в газетах и кинохронике изображения детей, обреченных на смерть, паралич и годы жизни с искусственными легкими. Дети пугались, увидев мух и комаров, которые считались носителями вируса. Родители цепенели от ужаса при первых признаках жара или жалобах на боль в горле или в затылке».

Что ж, все это для меня новость. Я совершенно ничего не знал о каких-либо тревогах по поводу полиомиелита. Хотя знал о его существовании — после середины пятидесятых годов мы становились цепочкой на прививки от него, — но я не знал, что надо было его пугаться. Не знал вообще ни о каких опасностях. Просто замечательно. Я рос, возможно, в самый полный страхов период в американской истории и не имел об этом никакого представления.

Когда мне было семь, а сестре двенадцать, отец купил голубой микроавтобус «рамблер», машину до того грязную и устаревшую, что даже владельцы «эдселей» притормаживали и смеялись, и решил обкатать его поездкой в Нью-Йорк. В машине не было кондиционера, но мы с сестрой придумали: если откинуть заднюю дверцу и встать на нее, держась за багажную решетку на крыше, то можно находиться снаружи и освежаться приятным прохладным ветерком. На самом деле — все равно что противостоять урагану. Не было ничего опаснее. Если на мгновение ослабить хватку — чихнуть или почесаться, — нас могло сбросить и швырнуть на идущий сзади грузовик.

И наоборот, если бы отец почему-то резко затормозил (а по крайней мере три-четыре раза в день он угощал нас крутыми поворотами или своего рода прыжками мустанга, — когда, уронив на сиденье между ног горящую сигарету, тормозил и они с матерью лихорадочно принимались ее искать), с большой долей вероятности нас с сестрой могло сбросить на соседнее поле или швырнуть — скорее, выстрелить — вперед, вслед за идущим впереди мощным грузовиком.

Короче говоря, это было безумно рискованно — такая мысль, вероятно, пришла в голову дорожному полицейскому близ Аштабулы в штате Огайо, который, включив мигалку, прижал отца к обочине и минут двадцать снимал с него стружку за непробиваемую тупоголовость по отношению к безопасности детей. Отец все это смиренно принял. Когда патрульный наконец уехал, отец тихо сказал, чтобы мы не ехали таким образом, пока через час-другой не въедем в Пенсильванию.

Для отца эта поездка не была страшно удачной. Он заказал места в нью-йоркской гостинице по объявлению в «Сатердей ревью» из-за дешевизны, а затем обнаружил, что она в Гарлеме. В первый вечер, когда родители спали, вконец измученные поисками дороги из Айовы до 1252-й улицы в верхнем Манхэттене — маршрут, не отмеченный ни в одном из путеводителей Американской автомобильной ассоциации, — мы с сестрой решили пройтись и что-нибудь поесть. Пройдя два квартала, мы нашли на углу закусочную. Когда, дружелюбно болтая с несколькими чернокожими, мы с удовольствием поглощали гамбургеры и шоколадную содовую, мимо плавно проехал полицейский автомобиль, остановился, подал назад и подъехал к тротуару. Вошли двое полицейских, подозрительно огляделись и подошли к нам. Один спросил, откуда мы.

— Из Де-Мойна, Айова, — ответила сестра.

— *Из Де-Мойна, Айова!* — воскликнул пораженный полицейский. — Как вы попали сюда из Де-Мойна, Айова?

— Нас привезли на машине родители.

— Родители привезли вас сюда на машине из Де-Мойна?

Сестра кивнула.

— Зачем?

— Папа подумал, это будет познавательно.

— Приехать в Гарлем? — Полицейские переглянулись. — Где сейчас твои родители, детка?

Сестра сказала, что они в гостинице «У. Э. Б. Дюбуа», или «Шато коттон клаб», или как там еще.

— И твои родители остановились *там*?

Сестра кивнула.

— Ты действительно из Айовы, да, детка?

Полицейские отвели нас в гостиницу, до самого номера. Они постучали в дверь, отец отозвался. Полицейские не знали, как поступить с отцом: то ли быть твердыми, то ли мягкими, арестовать его, или дать денег, или что еще. В конце концов они решительно посоветовали ему первым делом завтра утром выписаться из гостиницы и найти более подходящую, в более безопасном районе ниже по Манхэттену.

У отца имелись слабые основания для спора. Начать с того, что он был голым ниже пояса. Стоял, приоткрыв дверь, так что полицейские не ведали о его нелепом положении, но для нас, сидевших на кровати, вид был незабываемо нелепым — голозадый отец вежливо и серьезно ведет разговор с двумя рослыми нью-йоркскими полицейскими. Зрелище, какое не скоро забудешь.

Когда полицейские ушли, отец имел бледный вид и долго обсуждал с матерью, что делать. Решили, утро вечера мудренее. В конечном счете мы остались в гостинице. Знаете ли, номер был таким дешевым.

Второй случай, после которого я понял, что взрослым нельзя полностью верить, — это когда я впервые был действительно напуган событиями в большом мире. Осенью 1962 года, как раз накануне моего одиннадцатого дня рождения, я был дома один, смотрел телевизор. Программу прервали для передачи важного сообщения из Белого дома. На экране появился президент Кеннеди с серым от усталости лицом и дал понять, что дела в связи с кубинским кризисом принимают ужасный оборот, — в тот момент я практически ничего об этом не знал.

Америка «вдруг» обнаружила, что русские готовились (или мы так думали) установить ядерное оружие на Кубе, всего в девяноста милях от американской земли. Неважно, что мы имели множество ракет в Европе, нацеленных на Россию с такого же расстояния. Мы не привыкли, чтобы нам угрожали с нашего собственного полушария, и не были готовы терпеть это теперь. Кеннеди потребовал от Хрущева прекратить строительство пусковых установок на Кубе, иначе...

В президентском обращении, которое я смотрел, сообщалось, что как раз сейчас мы находимся на этапе «иначе». Я отчетливо помню это, в значительной мере потому, что Кеннеди выглядел обеспокоенным и серым от усталости, каким вы не желали бы видеть президента, когда вам десять лет. Мы установили морскую блокаду вокруг Кубы, выражая наше неодобрение, и Кеннеди объявил: нам навстречу движется советский корабль, чтобы бросить вызов. Он сказал, что отдал приказ: если советский корабль попытается пройти сквозь блокаду, американские эсминцы должны дать предупредительный выстрел. Если тот продолжит движение, его должны потопить. Такой акт, несомненно, послужит началом Третьей мировой войны. Даже я это понимал. Первый раз в жизни у меня кровь застыла в жилах.

По тону Кеннеди было видно — все это почти неминуемо. Посему я пошел и съел последний кусок шоколадного торта, оставленный сестре, потом стал болтаться на задней веранде, чтобы первым сообщить новость родителям: все мы вот-вот погибнем. Приехав домой, они сказали, чтобы я не беспокоился, все будет в порядке, и, конечно, как всегда оказались правы. Мы не погибли, хотя ближе всех к этому был я, когда сестра узнала, кто съел ее торт.

В действительности все мы были ближе к гибели, чем думали. Согласно мемуарам Роберта Макнамары, бывшего в то время министром обороны, Объединенный комитет начальников штабов предлагал — а фактически настаивал — бросить пару ядерных бомб на Кубу, демонстрируя, что мы не шутим, и дать Советам понять, чтобы они лучше оставили мысли разместить ядерное оружие у нас на заднем дворе. Согласно Макнамаре, президент Кеннеди был очень близок к тому, чтобы санкционировать такой удар.

Спустя двадцать девять лет, после распада Советского Союза, мы узнали, что данные ЦРУ были абсолютно неверными (а теперь удивляйтесь) и что на кубинской земле уже было размещено около ста семидесяти ядерных ракет, все наведенные на нас, и все они были бы сразу запущены в ответ на удар американцев. Представьте Америку, где сто семьдесят крупнейших городов — куда, для сведения, входил и Де-Мойн — сметены с лица Земли. И разумеется, этим бы дело не кончилось. Вот как близко все мы были от гибели.

С тех пор я ни на минуту не доверяю взрослым.

Глава 12

НЕВИННЫЕ ШАЛОСТИ

Джексон, Мичиган (Ассошиэйтед Пресс). — В субботу полиция предъявила обвинение девочке-подростку и ее 12-летнему брату в покушении на убийство родителей. Когда те спали, они облили их постель бензином и подожгли. Дети сказали, что родители были «слишком строгими и постоянно придирались». Мистер и миссис Стерлинг получили ожоги более 50 % тела и находятся в больнице. Состояние больных удовлетворительное.

«Де-Мойн трибюн»,
13 июня 1959 года

Каждое лето, когда школа на время закрывалась и родителям надоедало возиться с тобой, наступал страшный момент: они посылали тебя в «Ривервью», небольшой облупленный парк развлечений в мрачном деловом районе в северной части города, с двумя долларами в кармане и поручением развлекаться не менее восьми часов, а если можно, больше.

«Ривервью» был заведением, требовавшим крепких нервов. «Русские горки», горный массив из дерева преклонных лет высотой с Гималаи, были самым шатким, самым ненадежным из известных мне сооружений. Тележки снаружи и внутри покрыты толстым слоем попкорна и блевотины. Они были построены в 1920 году, и вы могли почувствовать их преклонный возраст по жалобному скрипу каждого узла, каждой связки. Они были огромными — думаю, около четырех миль длиной и примерно двенадцати тысяч футов высотой. Вполне вероятно, самое страшнейшее катание из когда-либо существовавших. Люди на них даже не кричали от ужаса; они каменели настолько, что были не в состоянии издавать какие-либо звуки. При движении земля дрожала все сильнее, а со стропил сыпался дождь — вообще-то целая лавина — пыли и старого птичьего помета.

Управлявшие тележками парни все как один походили на известного чикагского убийцу Ричарда Спека. Проводили рабочее время, болтая с толпившимися вокруг них девицами. Время катаний совсем не регулировалось, так что, если служители удалялись в свои будки заняться любовью или, перепрыгнув через ограду, удирали при появлении двух персон с ордером на задержание, катавшиеся могли быть предоставлены самим себе неопределенное время — весь день, если служитель удрал с крайне нужным ключом или рычагом. Я знал одного мальчишку, его звали Гэс Махони, которого держали во «Взбешенной мыши» так долго, что его волосы еще сутки стояли дыбом, а уши почти прилипли к затылку.

Да и электромобильчики с бамперами носились как бешеные. Издалека павильон электромобилей из-за сыпавшихся сверху искр выглядел как сварочная мастерская. Искры, подстегивая тебя, постоянно угрожали свалиться в твою машину. Смотрители не только разрешали сталкиваться лоб в лоб, но и активно поощряли. Электромобили были настроены таким образом, что, как бы легко и нерешительно вы ни нажимали на акселератор, они срывались с места с такой скоростью, что голова превращалась в вопящий шарик на конце тонкого стебелька. Приведенные в движение машины становились неуправляемыми. Они просто дико носились во всех направлениях, едва касаясь пола, пока не ударялись обо что-нибудь твердое, давая вашему лицу близко познакомиться с рулем.

Хуже всего было оказаться в капризной и неповоротливой, а то и вконец сломавшейся машине, потому что сорок других водителей, многие из которых малые детишки, никогда раньше не имевшие возможности одолеть кого-нибудь крупнее лягушонка, с безудержным восторгом со всех сторон набросятся на тебя. Однажды я видел, как из сломавшейся машины вылез мальчуган, хотя движение еще продолжалось, — единственное, что надо было *знать:* так ни за что делать нельзя, — и, ничего не соображая, двинулся сквозь плотное движение к краю площадки. Как только он ступил на металлический пол, на него со всех сторон хлынули более двух тысяч потрескивающих голубоватых электрических нитей, высветив его как бумажный фонарь и превратив в своего рода рентгеновское изображение. Можно было видеть каждую кость и большинство органов покрупнее. Ему чудом удалось увернуться от мчавшихся на него машин — а это, разумеется, были все машины сразу, — он повалился на колючую траву снаружи, от головы поднимался легкий дымок, и просил, передайте маме, что он ее любит. Но кроме постоянного звона в ушах, у него не оказалось серьезных повреждений, хотя стрелки на его часах марки «Зорро» навсегда застыли на десяти минутах третьего.

Все в «Ривервью» было ужасным. Даже поездка по «Туннелю любви» являлась тяжелым испытанием. На передней лодке всегда находился шутник, который вылавливал из воды комок отвратительной слизи и со всех сил шлепал его в низко нависший потолок — «шутка», известная как «повесить луизианца». Там этот слюнявый сталактит и висел, пока не украпал лицо пассажиру одной из следующих лодок. Суть шутки с «повешением луизианца» — а я говорю со знанием дела — не имела ничего общего с плевком, а заключалась в том, как быстро шутник может бежать, когда лодка остановится.

В «Ривервью» ты также делал открытие, что ребята с другого края города хотели видеть тебя мертвым и были готовы воспользоваться любой возможностью, чтобы где-нибудь в темном углу расправиться с тобой. Мальчишки из «Ривервью» ходили в такую жалкую и бесцветную среднюю школу, что та даже не имела приличного названия, а именовалась просто по месту нахождения — «Северная средняя». Они ненавидели ребят из средней школы имени Теодора Рузвельта, аванпоста привилегий, комфорта и качественной обуви, предназначенной для нас. Когда ты ездил в «Ривервью», но особенно если отставал от своей группы (или, в случае Мильтона Мильтона, был без группы), всегда существовала большая вероятность, что тебя затащат в темный уголок, живо отлупят и освободят от кошелька, ботинок, билетов и штанов. Всегда находился мальчуган — как правило, им оказывался Мильтон Мильтон, — в отчаянии бредущий по парку развлечений в сваливающихся трусах или стоящий у подножия «Русских горок», оплакивая свои джинсы, подвешенные на стропила на высоте четырехсот футов над землей.

Я знал ребят, которые умоляли родителей не оставлять их в «Ривервью», вцепившись в дверные ручки автомашин или в ноги взрослых, оставляя в пыли глубокие борозды от машины до входа в парк, куда их волокли, а потом пропихивали через турникет, уговаривая поразвлечься. Словно вталкивали в клетку со львом.

Единственное развлечение года, которое действительно вызывало всеобщее волнение, — ярмарка штата Айова, которая разворачивалась в конце августа на огромной ярмарочной площадке на восточной окраине города. Одна из крупнейших в стране; фильм «Ярмарка штата» снят на основе нашей ярмарки, это наполняло всех нас курьезной гордостью, даже притом, что, насколько известно, никто не видел фильма и не имел представления, о чем он.

Ярмарка происходила в самое жаркое, душное время года. Ты заливался потом и поглощал вредные для здоровья вещи — вафельные рожки, сахарную вату, мороженое в брикетах, мороженое слоеное, плавающие в сладкой приправе сосиски длиною в фут, ведра самого сладкого в мире лимонада, — пока, по существу, не превращался в ходячую липучку для мух, покрывшись с головы до пят яркими пятнами и прилипшими полуживыми насекомыми.

Ярмарка, главным образом, служила прославлению фермерского уклада жизни. Обширные павильоны, доверху наполненные лоскутными одеялами и банками варенья, увенчанные початками кукурузы, со столами, уставленными высоченными пирогами размером с автомобильные покрышки. Все, что можно было вырастить, состряпать, замариновать или сшить, аккуратно доставлялось в Де-Мойн со всех концов штата и ревностно выставлялось напоказ. Кроме того, в павильоне чудес, называемом «Корпус различных отраслей промышленности», выставлялись блестящие, новые, с иголочки тракторы и другие промышленные изделия, и каждый год там было нечто, называвшееся «масляная корова» — корова в натуральную величину, вырезанная из огромного (с корову) куска сливочного масла. Она считалась одним из чудес Айовы, да и всей Америки, и всегда вокруг нее собиралась признательная толпа.

Кроме павильонов с экспонатами, были ряды огромных вонючих павильонов, каждый размером в несколько акров, разделенных на загоны, в основном со свиньями и сотнями молодых парней, полировавших, моющих шампунями и холивших своих любимых свинок в надежде завоевать цветную атласную ленту и вернуться со славой домой в Грунди или Писгу. Довольно необычный способ прославиться.

Большинство людей на самом деле привлекало на ярмарке что-нибудь среднее между шумными скачками, азартными играми и соблазнительными представлениями. Но было одно место, которое мечтали посетить все мальчишки: тент со стриптизом.

Тент со стриптизом был ярче всех освещен, и там была самая ритмичная музыка. Время от времени зазывала выводил нескольких строго одетых девиц и провожал их по небольшому открытому помосту, заявляя — глядя прямо на нас, — что для девушек нет большего удовольствия, чем поделиться своими природными дарами с благодарной аудиторией полных жизни молодых людей. Все они выглядели поразительно красивыми, — у меня подскакивала температура от одной мысли, что я живу на одной планете с юными особами, обладающими такими чудесными достоинствами.

Беда в том, что, когда мы всерьез проявили интерес к тенту со стриптизом, нам было по двенадцать лет, а туда пускали с тринадцати. Висевшая на кассе вывеска не оставляла никаких сомнений. Старший брат Дага Уиллоуби, Джо, которому было тринадцать, попал внутрь и вышел, паря на крыльях. Он говорил немного, разве что сказал: я никогда лучше не тратил тридцать пять центов. Его так захватило, что он ходил туда еще трижды, каждый раз утверждая, что было еще лучше.

Мы, естественно, не раз бродили вокруг тента, выискивая какую-нибудь брешь, но он оказался парусиновым Фортом Нокс. Каждый миллиметр швов был закреплен до самой земли, все отверстия в металле прочно заделаны. Можно слышать музыку, голоса, даже различать смутные очертания публики, но невозможно увидеть хотя бы намек на женские формы. Даже Даг Уиллоуби, самый изобретательный из всех, кого я знал, потерпел полный крах. Было мучительно осознавать, что между тобой и живой, дышащей, неприкрытой женской плотью нет ничего, кроме этой зыбкой парусиновой стены, но если Уиллоуби не нашел способа проникнуть сквозь нее, значит, его не существовало.

На следующий год я собрал все удостоверения личности, какие мог найти: школьный дневник, свидетельство о рождении, потертый членский билет клуба болельщиков, словом, все, что хотя бы косвенно говорило о моем возрасте, и вместе с Бадди Доберманом направился прямо к тенту. Тот был заново украшен нарисованными в натуральную величину изображениями красоток в стиле Альберто Варгаса, выглядевших весьма многообещающе.

— Два в передний ряд, пожалуйста, — сказал я.

— Вали отсюда, — ответил продававший билеты седоватый мужчина. — Детей не пускаем.

— А мне тринадцать, — заявил я и принялся доставать из папки свидетельства.

— Не хватает, — сказал мужчина. — Надо четырнадцать. — Он постучал по вывеске. Цифра «13» была закрыта квадратиком с цифрой «14».

— С каких пор?

— С этого года.

— Почему?

— Новые правила.

— Но это нечестно.

— Вот что, малый, если недоволен, пиши своему конгрессмену. Я только принимаю деньги.

— Да, но...

— Ты задерживаешь очередь.

— Да, но...

— Проваливай!

Так что мы с Бадди Доберманом убрались под косые взгляды стоявших в очереди молодых парней.

— Приходи, когда подрастешь, — гоготнул малый, думаю, из Моронвиля, и исчез, испепеленный взглядом Молнии.

Попасть в тент со стриптизом станет главной заботой в мои отроческие годы.

Большую часть года «Ривервью» или ярмарка не отвлекали нашего внимания, посему мы отправлялись в центр города и просто валяли дурака там. В этом мы достигли совершенства. Субботние утра были, главным образом, посвящены тому, чтобы забраться куда повыше — на крыши деловых зданий, к окнам в конце длинных коридоров в больших отелях — и сбрасывать мягкие или мокрые вещи на головы посетителей магазинов. Мы провели много веселых часов, бродя по закоулкам универмагов и деловых зданий, заглядывая в хозяйственные чуланы и склады канцтоваров, пробуя открывать и закрывать паривпше вентили в котельных, шаря по ящикам в кладовых.

Весь фокус заключался в том, чтобы не ходить озираясь, а делать вид, будто не понимаешь, что находишься в неположенном месте. Если вам встречался взрослый, можно было избежать ареста или задержания, с ходу задав глупый вопрос: «Извините меня, мистер, я так пройду к кабинету мистера Макензи?» или «Пожалуйста, подскажите, где мужской туалет?». Такой подход действовал безотказно. Начавший было подозревать страж, посмеиваясь и потрепав по волосам, выводил нас на белый свет, не подозревая, что у нас под куртками тринадцать мотков изоляционной ленты, два миниатюрных огнетушителя, арифмометр, снятый со стены в его кабинете полупорнографический календарь и канцелярский бумагосшиватель.

По субботам можно было пойти на утренники, обычно включавшие показ двух полнометражных фильмов, на которые мама меня не водила, — «Человек с планеты Икс», «Месть Годзиллы», «Зомби из стратосферы», что-то под рекламным названием «Получеловек-полузверь, но ЗАКОНЧЕННОЕ ЧУДИЩЕ» — плюс несколько мультиков и пара короткометражек с тремя комиками, чтобы мы завелись как надо. В игровых фильмах обычно фигурировали беспокойно дергающиеся динозавры, тучи гигантских насекомых-мутантов и несколько тысяч страшно напуганных японцев, убегающих по городским улицам от большой волны или растаптывающей их ноги.

Картины почти всегда были дешевыми, плохо сыгранными и по большей части бессвязными, но это не имело значения, потому что на утренники приходили не смотреть кино. Приходили, чтобы носиться по залу, орать, сражаться, швыряясь конфетами, покрывая пол не меньше чем на три дюйма попкорном и пустыми пакетами. По существу, утренники «приглашали» четыре тысячи ребятишек в течение четырех часов буйствовать в большом темном помещении.

Перед каждым сеансом администратор — почти всегда сердитый лысый малый с галстуком-бабочкой и красным лицом — выходил на сцену и угрожающе объявлял, что *любого,* кого поймают бросающим конфету или собирающимся бросить, возьмут за шиворот и потащат в ожидающие руки полиции. «Я вижу вас всех и знаю, где вы живете», — грозно уставясь на нас, заявлял он. Затем свет медленно гас, и на сцену сыпался дождь из двадцати тысяч конфет.

Иногда показывали фильмы, пользовавшиеся популярностью, или администратор бывал еще настолько непривыкшим и простодушным, что открывали балкон, давая тысяче или около того ребятишек счастливую возможность кидать всякую липкую или сырую дрянь на беспомощную толпу внизу. Управление кинотеатром «Парамаунт» однажды доверили прискорбно симпатичному молодому человеку, который никогда не имел дела с детьми. Он ввел перерыв, во время которого заполнившие карточку с указанием дня рождения дети приглашались на сцену и получали возможность запустить руку в большой ящик и достать оттуда игрушку, коробку конфет или сертификат на получение подарка. Ко второй неделе карточки заполнили одиннадцать тысяч детей. Многие под слегка измененными именами поднимались на сцену семь или восемь раз. Но на третью неделю исчезли и администратор, и подарки.

Но даже при надлежащей организации утренники не имели практического смысла. Каждый ребенок платил

35 центов за вход и еще 35 центов за попкорн и конфеты, оставляя после себя 4,25 доллара расходов на ремонт, уборку и удаление жевательной резинки. В результате утренники, как правило, перемещались из кинотеатра в кинотеатр — из «Варсити» в «Орфеум», потом в «Холидей» и «Хиланд», — по мере того как администраторы бросали эту практику из-за нервных срывов или покидали город.

Изредка киностудии или спонсоры раздавали подарки при входе. Почти всегда они противоречили здравому смыслу. На премьере фильма «Птицы» в «Орфеуме» первым пятистам посетителям вручали фунтовые мешочки с птичьим кормом. Можете себе представить, что значит раздать птичий корм пятистам находившимся без присмотра ребятишкам, направляющимся в темный зал? Мало кто знает, что если птичий корм намочить в кока-коле и стрелять им через трубочку, то он может пролететь двести футов со скоростью одного маха и прилипнуть ко всему лучше клея: к стенам, потолку, экрану, мягкой ткани, взвизгивающим билетершам, пиджаку и голове администратора — словом, ко всему.

Из-за того что фильмы были плохие, а настоящее действо проходило в фойе, никто долго не сидел на месте. Каждые полчаса или чаще, если на экране никто не брел с колом в глазу или топором в затылке, ты вставал и выходил посмотреть, нет ли чего стоящего внимания в других помещениях кинотеатра. В дополнение к буфетам и киоскам в фойе, в темных углах стояли торговые автоматы; на них всегда стоило взглянуть. По общему убеждению, как раз над местом, куда падали стаканчики или выскальзывали шоколадные батончики — чуть недосягаемо, но очень-очень близко, — располагались небольшие рычаги и переключатели, которые, если их привести в действие, сразу выдадут все батончики или даже запустят механизм выдачи сдачи, и оттуда посыпется каскад серебристых монет. Однажды Даг Уиллоуби принес небольшой фонарик и зеркальце, каким пользуются зубные врачи, хорошенько осмотрел внутренности одного из автоматов в «Орфеуме» и пришел к убеждению, что если найти кого-нибудь с достаточно длинными руками, то можно заставить машину служить ему.

Можете представить его восторг, когда в один прекрасный день кто-то привел ему пацана ростом в семь футов и весом в сорок фунтов. С руками как садовый шланг для поливки. И что лучше всего, он был довольно тупой и сговорчивый. Поощряемый кучкой зрителей, которая скоро выросла в толпу около двухсот зевак, пацан послушно встал на колени и сунул руку в машину, ощупывая внутренности по указаниям Уиллоуби.

— Теперь чуточку левее, — говорил Уиллоуби, — за конденсатор, под соленоид, и попробуй нащупать откидную крышку. Это должен быть ящик со сдачей. Нащупал?

— Нет, — ответил малый, и Уиллоуби подвинул его руку чуть дальше.

— А теперь? — спросил Уиллоуби.

— Нет, но... Ой! — вдруг вскрикнул паренек. — Меня сильно ударило.

— Это, должно быть, заземление, — сказал Уиллоуби. — Больше не трогай. Слышишь, не трогай больше. Пощупай кругом. — Он подвинул руку еще дальше. — Как теперь?

— Ничего не чувствую, рука онемела, — спустя какое-то время ответил парень, потом добавил: — Я застрял. Кажется, за что-то зацепился рукавом. — Морщась, он шуровал рукой, но та не освобождалась. — Да, я действительно застрял, — объявил он наконец.

Кто-то сходил за администратором. Через минуту тот прибежал с одним из своих неуклюжих помощников.

— Какого черта? — прорычал он, проталкиваясь через толпу. — Отодвиньтесь, отодвиньтесь. Черт бы вас всех побрал! Какого черта? Какого черта вам здесь надо? Проклятая мелюзга. Проклятие. Проклятие. Какого черта? — Он протолкался вперед и, к своему изумлению и возмущению, увидел мальчонку, нагло копавшегося внутри одного из автоматов. — Какого черта, малый, ты здесь делаешь? Вынь руку.

— Не могу. Она застряла.

Администратор дернул мальчишку за руку. Тот завопил от боли.

— Кто тебя на это подбил?

— Они все.

— Ты знаешь, что рыться в автоматах — преступление федерального значения? — заявил администратор, продолжая дергать за руку вопившего парнишку. — Тебя ждет куча неприятностей, молодой человек. Я лично отведу тебя в полицейский участок. Боюсь даже представить, как долго тебе придется отсидеть в исправительной школе, но, думаю, малый, к следующему своему утреннику ты уже начнешь бриться.

Рука мальчишки не освобождалась, хотя теперь она была на несколько дюймов длиннее, чем раньше. Администратор, пыхтя, достал огромную связку ключей — такую, что любой, хоть раз увидев ее, бросит все и сразу пойдет в администраторы кинотеатра, — отпер автомат, распахнул крышку и выволок протестовавшего парнишку. Внутренности автомата впервые в истории предстали пред очами детворы. Уиллоуби выхватил карандаш и блокнот и принялся делать набросок. Это было чарующее зрелище: двести батончиков сложены в столбики, каждый занимал небольшой, слегка наклоненный желобок.

Пока администратор отцеплял рубашку парня, мимо него просунулись двести рук и проворно освободили автомат от содержимого.

— Эй! — сообразив, что произошло, воскликнул администратор. Яростно бранясь, брызгая слюной, он схватил большую коробку молочных помадок из рук проходившего мимо малыша.

— Это моя! — вцепившись в коробку обеими руками, запротестовал малыш. — Моя! Я купил! — кричал он, болтая ногами в шести дюймах от пола.

В ходе борьбы коробка развалилась, и все содержимое высыпалось на пол. Мальчишка, закрыв лицо руками, залился слезами. Две сотни голосов пронзительно поносили администратора, указывая, что в автомате помадок не было. Во время этой краткой перепалки длиннорукий парнишка выскользнул из рубашки и, полуголый, скрылся в зале. Все восхищенно разинули рты.

Администратор обернулся к своему неуклюжему помощнику.

— Ступай найди этого малого и приведи в мой кабинет.

Помощник медлил.

— Но я не знаю, как он выглядит, — заметил он.

— Прошу прощения?

— Я не видел его в лицо.

— Он же без рубашки, идиот. С голой грудью.

— Ага, но я все равно не знаю, как он выглядит, — пробормотал помощник, направляясь с фонариком в зал.

Длиннорукого паренька больше не видели. Двести детишек получили бесплатные сладости. Уиллоуби стал изучать внутренности автомата и разбираться, как он действует. Это была редкая победа обитателей Мира детей над темными, репрессивными силами Мира взрослых. И это был последний детский утренник в «Орфеуме».

Уиллоуби был самым сообразительным из всех, кого я когда-либо встречал, особенно если дело касалось чего-нибудь технического или научного. Позднее он показал мне набросок, который сделал, пока была открыта дверца автомата. «Все потрясающе просто, — сказал он. — Даже не верится, — абсолютно ничего сложного. Знаешь, внутри нет никаких помех, или обратной подачи, или чего-нибудь такого. Можешь представить?»

Я сделал вид, будто поражен не меньше его.

— Ничего, что бы препятствовало проникновению с обратной стороны. Представляешь, ничего. — Удивленно покачав головой, он убрал схему в задний карман.

На следующей неделе утренника не было, но мы пошли посмотреть «Как был завоеван Запад». Примерно через полчаса после начала Уиллоуби повел меня к автомату, полез в карман и достал две телескопические автомобильные антенны. Растянув их, вставил в машину, быстро пошуровал, и оттуда выскочила коробка драже.

— Чего хочешь?

— А можно красненьких? — попросил я. Мне они нравились.

Он пошуровал опять, выскочила коробка красненьких. С тех пор Уиллоуби стал моим лучшим другом.

Уиллоуби был страшно мозговитый. Он первый, кто согласился со мной насчет Мира Причуд, места, где все происходило в обратном порядке, хотя у него имелись более тонкие доводы, чем у меня.

— Это бессмыслица, — уверял он. — Подумай, что станет с математикой. Больше не стало бы простых чисел.

Я осторожно кивал.

— А когда затошнит, придется обратно глотать блевотину, — добавлял я, пытаясь перевести разговор в более спокойную колею.

— Геометрию выбросят за окно, — продолжал Уиллоуби и начинал перечислять все теоремы, которые в движущемся обратно мире рассыплются в прах.

Мы часто вели подобные разговоры, но говорили об одном и том же в конечном счете на очень разных уровнях. Было куда проще обсуждать Мир Причуд с Бадди Доберманом, который удивлялся, узнав, что его в действительности не существует.

Уиллоуби обладал безграничным талантом находить возможность позабавиться в самых малообещающих условиях. Однажды его папаша заехал за нами в кино, чтобы отвезти домой, но сказал, что ему надо остановиться у муниципалитета уплатить налог на недвижимость, или типа того, и оставил нас на двадцать минут в машине у счетчика рядом со зданием на Черри-стрит. Обычно это стало бы скучнейшим занятием, но, как только отец завернул за угол, Уиллоуби выскочил из машины и повернул «брызгалку» стеклоомывателя — я даже не знал, что такая вещь возможна, — в сторону тротуара, затем сел на место водителя и приказал ни в коем случае не показывать вида, что смотришь на прохожих. Потом всякий раз, когда кто-нибудь проходил мимо, он опрыскивал его водой — а в бачке стеклоомывателя, оказывается, очень много воды, поверьте мне.

Озадаченные жертвы останавливались там, где их облили, и с подозрением смотрели в нашем направлении, но мы подняли стекла и делали вид, что не обращаем на них никакого внимания. Тогда они принимались разглядывать стоящее позади здание, а Уиллоуби пускал им в спину еще одну струю. Мы повеселились как никогда. Будь моя воля, я остался бы подольше. Кто еще мог использовать «брызгалку» стеклоомывателя, чтобы позабавиться?

Как и я, Уиллоуби являлся поклонником ресторана «Бишоп», но по дерзости и выдумке мне было до него далеко. Ему нравилось зажигать настольную лампочку и обращаться к официанткам с необычными просьбами.

— Мне, пожалуйста, настойку Ангостуры*, — с обаятельной улыбкой говорил он. Или: — Принесите, пожалуйста, свежие кубики льда, эти несколько деформированы. — Или: — Нет ли у вас случайно лишнего половника и щипцов? — И официантка ковыляла узнавать. В выражении его лица было что-то располагавшее, и все старались ему угодить.

В другой раз Уиллоуби театральным жестом вынул из кармана аккуратно сложенный белый носовой платок, достал прекрасно сохранившегося большого черного рогатого жука, известного в Айове как июньский жук, и пустил его плавать в томатный суп. Плавал тот прекрасно. Можно было подумать, что он создан для этого.

Потом нажал кнопку настольной лампочки. Подошедшая официантка, взвизгнув, уронила пустой поднос и пошла за метрдотелем, который тут же прибежал. Метрдотель был одним из тех, кто постоянно переживал стрессы и неприятности: даже волосы и одежда служили этому свидетельством. Он выглядел так, словно только что вылез из аэродинамической трубы. При виде плавающего насекомого у него сразу сдали нервы.

— О боже, — произнес он, — боже мой, боже мой. Не знаю, как он туда попал. Такого у нас не бывало. О господи, извините. — Метрдотель схватил со стола тарелку и держал ее в вытянутой руке, словно та была заразная. Сказал официантке: — Милдред, принеси этим молодым людям, чего они хотят. — Нам же сказал: — Как насчет пары сливочных мороженых? Поможет закрыть вопрос?

— Да, пожалуйста, — ответили мы.

Щелкнув пальцами, он послал Милдред за мороженым.

---

* Аптечная настойка (*примеч. автора*).

— Побольше орехов и вишни! — крикнул он вдогонку. — И не забудь взбитых сливок. — Обернувшись к нам, доверительно попросил: — Ребята, только вы никому не говорите, ладно?

Мы пообещали.

— А кто ваши родители?

— Мой отец санитарный инспектор, — сияя, ответил Уиллоуби.

— О господи, — бледнея, произнес метрдотель и поспешил дать указания, чтобы порции мороженого были самыми большими и отменно приготовленными.

В следующее воскресенье Уиллоуби снова повел меня в «Бишоп». На этот раз он наполовину отпил воду, потом достал из куртки флакон с водой из пруда и долил стакан доверху. Когда поднял стакан на свет, в нем плавало около шестнадцати головастиков.

— Простите, вода должна быть такой? — обратился он к проходившей мимо официантке, которая ошеломленно уставилась на воду и умчалась за поддержкой.

Через минуту воду с ужасом разглядывали полдюжины официанток, но визжать не визжали. Минуту спустя появился наш друг метрдотель.

Он поднял стакан.

— О господи, — воскликнул он, бледнея. — Прошу прощения. Не знаю, как это могло случиться. Ничего подобного у нас еще не бывало. — Он внимательнее поглядел на Уиллоуби. — Скажите, а не вы ли были у нас на прошлой неделе?

Уиллоуби сконфуженно кивнул.

Я подумал, что нас возьмут за уши и выволокут наружу, но метрдотель сказал:

— Ну что ж, снова прошу прощения, сынок. Извинений мало. — Он повернулся к официанткам: — Этого молодого человека, кажется, сглазили. — Потом к нам: — Дам вам мороженое.

И ушел на кухню, останавливаясь по пути и украдкой поглядывая на воду у других обедавших.

Чего не хватало Уиллоуби, так это чувства меры. Я умолял его не испытывать судьбу, но на следующей неделе он настоял на том, чтобы снова пойти в «Бишоп». Я отказался сесть с ним, переместился за столик через проход и стал следить, как он шустро вынул из кармана бумажный кулек и аккуратно высыпал в суп около двух фунтов дохлых мошек и мотыльков, которых набрал под лампочкой в спальне. Они образовали кучку дюйма четыре высотой. Зрелище великолепное, но, пожалуй, не хватало чуточку правдоподобия.

Метрдотель случайно проходил мимо, когда Уиллоуби нажимал кнопку лампочки. Он в ужасе посмотрел на чашку, потом на Уиллоуби. Я было подумал, что он упадет в обморок или даже умрет.

— Это просто невероя... — произнес он, а затем, когда до него дошло, что просто невозможно подать чашку супа с двумя фунтами дохлых насекомых, зажег висевшую над головой огромную люстру.

С достойной одобрения сдержанностью он вывел Уиллоуби за дверь и попросил — не потребовал, а просто попросил, спокойно, вежливо, искренне — никогда здесь не появляться. Это было позорное изгнание.

Все Уиллоуби — мать, отец, четверо ребят — отличались блестящими способностями. Одно время я считал, у нас в доме уйма книг, потому что в гостиной их было два шкафа. Потом я побывал в доме Уиллоуби. У них книги и шкафы были *всюду:* в коридорах и на лестничных площадках, в ванной, на кухне, по всем стенам гостиной. Более того, все они были подлинно весомыми трудами: русские романы, книги по истории и философии, книги на французском. Я тогда понял, что мы безнадежно отстаем.

И книги у них читали. Помню, Уиллоуби как-то показал мне абзац о скотоложстве деревенских парней, на который он наткнулся в длинной статье о чем-то совсем другом в энциклопедии «Британника». Подробности теперь не помню — это не то, что хранится в памяти сорок лет, — но суть отрывка сводилась к тому, что 32 % деревенских ребят в Индиане (или что-то вроде того: твердо уверен, в Индиане и цифра определенно большая) время от времени имели половые сношения с домашним скотом.

Это поразило меня во всех отношениях. Мне никогда не приходило в голову, что какой-нибудь деревенский парень или любой другой в Индиане или где-то еще без принуждения будет заниматься сексом с животными, и тем не менее в респектабельном издании напечатаны свидетельства. Еще поразительнее был не сам факт, а то, что его обнаружили. Энциклопедия «Британника» состояла из двадцати трех томов, содержавших восемнадцать тысяч страниц — думаю, всего около пятидесяти миллионов слов, — и Уиллоуби среди всего прочего отыскал единственный увлекательный абзац. Как ему это удалось? Кто *читает* энциклопедию «Британника»?

Уиллоуби с братьями открывали мне новые миры, неожиданные возможности. Словно до этого я попусту, до последней минуты, тратил свое время. В их доме все могло становиться увлекательным и занимательным. Уиллоуби и его брат Джо, который был на год старше и не менее способный, занимали комнату на двоих. Она больше походила на лабораторию, чем на спальню. Всюду приборы и приспособления — мензурки, пробирки, реторты, бунзеновские горелки, сосуды со всевозможными химическими реактивами. Книги по любому мыслимому предмету — все побывали в руках: по прикладной механике, квантовой механике, электротехнике, математике, патологии, военной истории. Уиллоуби постоянно создавали что-нибудь масштабное. Изготовляли самодельные, наполненные гелием воздушные шары. Самодельные ракеты. Самодельный порох. Однажды, придя к ним, я увидел, что они сделали элементарную пушку — пробный образец — из куска металлической трубы, который начинили порохом, набили пыжом и зарядили серебристым шариком от подшипника. Установили все это на старый пень на заднем дворе и нацелили на лист фанеры футах в пятнадцати. Потом подожгли запал, и мы все спрятались за опрокинутый набок складной столик (на случай, если пушка взорвется). Мы увидели, как горящий запал почему-то нарушил равновесие и труба стала медленно поворачиваться. Прежде чем мы среагировали, она оглушительно выстрелила, и шарик разбил окно ванной на верхнем этаже дома, находившегося через три дома от нас. Никто не пострадал, но мистеру Уиллоуби пришлось уплатить 65 долларов в возмещение ущерба.

Братья были способны найти забаву на пустом месте. В мой первый визит к ним они приобщили меня к увлекательному спорту — сражению горящими спичками. В этой игре участники вооружаются коробками кухонных спичек, спускаются в подвал, выключают свет и весь вечер в темноте швыряют друг в друга горящие спички.

В то время кухонные спички были сверхмощными средствами — больше походили на сигнальные ракеты, а не на сегодняшние тощие палочки. Они зажигались о любую твердую поверхность и могли лететь, не потухая, пятнадцать футов. Если такая спичка попадала на свитер, ее было не сбить даже двумя руками, она упорно не желала отваливаться. Идея состояла в том, чтобы спичка попала в противника и вызвала маленький лесной пожар на его фигуре, предпочтительно на волосах. Трудность заключалась в том, что, зажигая спичку, ты выдавал свою позицию любому прятавшемуся в темноте, поэтому после атаки ты мог быть более или менее уверенным, что обнаружишь у себя горящее плечо или пламя в быстро убывающих волосах.

Однажды вечером мы играли часа три, после чего включили свет и обнаружили друг у друга по несколько забавных проплешин. Потом в приподнятом настроении отправились подышать свежим воздухом и подкрепиться в кафе «Дайари Куин» на Ингерсолл-авеню, а вернувшись, увидели перед домом две пожарные машины и страшно возбужденного мистера Уиллоуби. Мы, вероятно, оставили горящую спичку в корзине для грязного белья, она вспыхнула, пламя поднялось по задней стене и подпалило несколько стропил. Весь дом был наполнен дымом. Ко всему этому пожарные с радостью добавили добрую долю воды, которая теперь вытекала из задней двери.

— Что вы там *делали*? — в ужасе спросил потрясенный мистер Уиллоуби. — На полу — восемь сотен спичек. Начальник пожарной команды грозит арестовать меня за поджог. Так что вы там *делали*?

Уиллоуби на полтора месяца попал в немилость, и наши приятельские отношения были временно прерваны. Но не беда, потому что в это время я по счастливой случайности подружился с другим однокашником — Джедом Маттесом, который был полной противоположностью Уиллоуби. Начать с того, что Джед был геем или, по крайней мере, скоро им стал.

Джед обладал обаянием, вкусом и безупречными манерами, и благодаря ему я приобщился к более утонченной стороне жизни — путешествиям, изысканной пище, художественной литературе, украшению интерьера. Все это оказалось неожиданно интересным, занимательным. Бабушка Джеда жила в отеле «Коммодор» на Гранд-авеню, что само по себе было весьма экзотично. Ей исполнилось больше тысячи лет, а весила она тридцать семь фунтов, из которых шестнадцать приходилось на косметику. Она давала нам денег на кино, иногда огромные суммы, долларов сорок-пятьдесят, на которые в 1960-е годы можно было прекрасно провести целый выходной день. Джед никогда не выражал желания ходить на такие фильмы, как «Нападение 50-футовой женщины». Он предпочитал мюзиклы вроде «Невероятная Молли Браун» или «Моя прекрасная леди». Не могу сказать, что они были в моем вкусе, но я ходил с ним ради дружбы, и эти мюзиклы придали мне известный лоск космополитизма. Потом он брал такси — для меня невероятно утонченный и полный великолепия способ передвижения, — и мы ехали в «Ноев ковчег», популярную итальянскую закусочную. Там он познакомил меня со спагетти и фрикадельками, чесночным хлебом и другими мудреными блюдами. Здесь мне впервые дали льняную салфетку и меню, которое не было пластмассовым и липким и не содержало фотографий блюд.

Джед мог уговорить кого угодно. Мы часто заглядывали в окна богатых домов. Время от времени он звонил в парадную дверь.

— Извините за вторжение, — говорил он, когда выходила хозяйка, — но меня просто восхитили шторы в вашей гостиной, и я лишь хочу спросить, где вы нашли такой велюр. Он восхитителен.

Как правило, нас тут же приглашали в дом. Джед восхищенно ворковал по поводу придуманных хозяевами усовершенствований и скромно предлагал дополнительные штрихи, которые могли бы улучшить интерьер. Таким образом мы становились желанными гостями во всех лучших домах. Особую дружбу Джед завязал с престарелым филантропом А.Г. Бланком, основателем детской больницы Бланка, который со своей дряхлой голубоволосой супругой жил в пентхаузе в самом роскошном и фешенебельном районе в Айове, в доме, названном «Тауэрс» («Башни»), на Гранд-авеню. Мистер и миссис Бланк владели всем десятым этажом. Это были самые высокие апартаменты между Чикаго и Денвером. По вечерам в пятницу мы частенько заходили к Бланкам на чашку какао с кофейным тортом. Моим любимым занятием было смотреть на город — практически на большую часть Среднего Запада — с обширных балконов Бланков. Я много лет ждал кончины мистера Бланка в надежде, что он оставит мне что-нибудь в наследство, но все ушло на благотворительность.

Как-то в субботу, возвращаясь из кино («Ночные кружева» с Дорис Дей в главной роли, которая, как мы с Джедом сразу сошлись во мнении, не была ее лучшей ролью), мы шли домой по Хай-стрит — необычный путь, путь для людей авантюрного склада — и наткнулись на небольшое кирпичное здание, вывеска на котором гласила: «Доставка фильмов по Средней Америке», или что-то вроде того, и Джед предложил зайти.

За столом, скучая без дела, сидел невысокий пожилой мужчина в броском костюме.

— Здравствуйте, — поприветствовал его Джед. — Надеюсь, я не нарушаю ваш распорядок, но нет ли у вас старых киноафиш, которые вам больше не нужны?

— Вам нравятся фильмы? — спросил мужчина.

— Вы говорите, нравятся? Нет, сэр. Я без ума от них.

— Серьезно? — переспросил страшно довольный мужчина. — Это здорово. Скажи, сынок, какой твой любимый фильм?

— Думаю, что «Все о Еве».

— Тебе понравился? — сказал мужчина. — Где-то у меня остался плакат. Погоди. — Он провел нас в кладовую, набитую от пола до потолка свернутыми в трубку афишами, и принялся искать. — Где-то здесь. Что еще тебе нравится?

— О боже, — воскликнул Джед, — «Бульвар Сансет», «Ребекка», «Незабываемый роман», «Утраченный горизонт», «Беспечное настроение», «Адамово ребро», «Миссис Горностай», «Милдред Пирс», «Филадельфийская история», «Человек, который явился на обед», «Теперь путешественник», «Дерево, растущее в Бруклине», «Штормовое предупреждение», «Пижамная игра», «Эта собственность проклята», «Асфальтированные джунгли», «Семилетняя страсть», «Начиная с этого дня» и «Какой зеленой была моя долина», но не обязательно в этом порядке.

— Они у меня есть! — обрадованно воскликнул мужчина. — Все есть. — И стал лихорадочно передавать афиши Джеду. Обернулся ко мне: — А как ты? — вежливо спросил он.

— «Мозг, который не умрет», — с надеждой ответил я.

Он, поморщившись, покачал головой.

— Я не занимаюсь второсортными вещами.

— «Зомби на Бродвее»?

Снова покачал головой.

— «Остров неумерших»?

Махнув на меня рукой, он снова повернулся к Джеду:

— Тебе нравится Лана Тернер?

— Конечно. Кому не нравится?

— У меня все ее картины — все до единой, начиная с «Танцующего огонька на кинокамере». Хочу все их дать тебе. — И принялся выкладывать Джеду на протянутые руки рулоны афиши.

В конечном счете он дал нам более или менее все, что имел, — даже афиши 1930-х годов, все как новенькие. Бог знает, сколько бы они стоили сегодня. Мы привезли их на такси домой к Джеду и по справедливости поделили. Джед взял себе все афиши с Дорис Дей и Дебби

Рейнольдс, я — афиши с бегущими и стреляющими персонажами. Оба остались весьма довольны.

Несколько лет спустя я отправился на лето в Европу, и получилось так, что пробыл там два года. Пока я отсутствовал, родители привели в порядок мою спальню. Все афиши пошли в огонь.

Существовали вещи, в которых мы не сходились с Джедом, и одной из них было мое похотливое желание во что бы то ни стало посмотреть на обнаженную женщину. Не думаю, что на протяжении 364 дней после полученного мной отказа на ярмарке не проходило часа, когда бы я по крайней мере дважды не вспоминал о тенте со стриптизом. Это было единственное место, где можно было увидеть обнаженное женское тело во плоти, и мое желание становилось все более безудержным.

В марте, после четырнадцатого дня рождения, я стал зачеркивать в календаре остававшиеся до ярмарки дни. К концу июня просто задыхался от нетерпения. 20 июля приготовил одежду, которую собирался надеть в следующем месяце. Три часа выбирал. Подумал было взять театральный бинокль, но оставил, решив, что стекла могут запотеть.

Ярмарка официально открывалась 20 августа. Обычно ни один благоразумный человек не шел на ярмарку в день открытия из-за чудовищной толкотни, но мы с Дагом Уиллоуби отправились. Нам надо было. Просто надо. Как только рассвело, мы сели в автобус и поехали на восточную окраину. Там присоединились к жизнерадостной толпе и ждали три часа, чтобы войти среди первых.

В десять утра ворота распахнулись, и двадцать тысяч человек, как атакующие орды в фильме «Храбрец», с радостными воплями хлынули на территорию. Вы удивитесь, узнав, что мы с Уиллоуби не направились сразу в тент со стриптизом, а немного потянули время. Мы решили посмаковать предстоявшее событие и не спеша познакомились с другими павильонами. Возможно, это был первый случай в истории, когда кто-то взирал на лоскутные одеяла и масляную корову в качестве эротического стимулирования, но мы знали, что делали. Мы хотели, чтобы девицы получили возможность размяться, прийти в форму. Нам не хотелось в первое посещение смотреть неважное шоу.

В одиннадцать мы подкрепились хорошей порцией мороженого, потом направились к тенту со стриптизом и встали в очередь, довольные, что пользуемся привилегией старшего возраста. Но, не доходя до кассы, Уиллоуби толкнул меня локтем и показал на вывеску. Вывеска была новая, и в ней говорилось: «НЕСОВЕРШЕННОЛЕТНИЕ не допускаются. От ШЕСТНАДЦАТИ лет и при предъявлении подлинного удостоверения личности».

Я потерял дар речи. При таких темпах ко времени, когда увижу обнаженную женщину, я буду пользоваться льготами для престарелых.

Мужчина в окошке спросил, сколько нам лет.

— Шестнадцать, — не моргнув глазом, ответил Уиллоуби.

— Мне не кажется, что тебе шестнадцать, малыш, — заметил мужчина.

— Ну, у меня легкая нехватка гормонов.

— Удостоверение личности есть?

— Нет, но мой приятель может засвидетельствовать.

— Проваливайте.

— Видите ли, мы очень рассчитывали попасть на представление.

— Проваливайте.

— Мы ждали этого дня целый год. Мы здесь с шести часов утра.

— Проваливайте.

Итак, нас выставили. Это был самый жестокий удар за всю мою жизнь.

На следующей неделе я пошел на ярмарку с Джедом. Это посещение было любопытной противоположностью: он часами болтал с облаченными в фартуки с оборками фермершами об их вареньях и лоскутных одеялах. Не было ни одной вещи в науке домоводства, которая бы не вызывала у него глубокого интереса, и ни одной трудности или неудачи, которая не встретила его сочувствия. В один момент вокруг него собралось с десяток женщин, и все были страшно довольны.

— Ну до чего же замечательно, — довольно вздохнув, сказал он мне потом. — Большое спасибо, что не отказал мне в удовольствии. А теперь отведу тебя в тент со стриптизом.

Я рассказывал ему о своей неудаче на прошлой неделе и напомнил, что мы слишком малы, чтобы нас пропустили.

— Возраст всего лишь формальность, вопрос техники, — беззаботно заметил он.

У тента я отошел в сторону, Джед подошел к окошку. Поговорил с мужчиной. Время от времени они, серьезно кивая, поглядывали на меня, словно обсуждали какой-то мой порок, достойный внимания. В конечном счете улыбающийся Джед вручил мне билет.

— Ступай, — весело заявил он. — Надеюсь, ты не станешь возражать, если я с тобой не пойду.

Я был не в состоянии говорить. Удивленно глядя на него, пролепетал:

— Как это?

— Я сказал ему, что у тебя неоперабельная опухоль мозга, чему он не совсем поверил, тогда я дал ему десять баксов, — пояснил Джед. — Наслаждайся!

Что мне сказать, кроме того, что это был кульминационный момент в моей жизни? Стриптизерша — а их, как оказалось и о чем брат Уиллоуби пренебрег нам сообщить, приходилось по одной на сеанс — была величественно безразличной, великолепно безразличной, но в этом ее безразличии и утомленном взгляде читалось что-то неожиданно эротическое, и она была недурна. Она обнажилась не полностью. Оставила голубую с блестками набедренную повязку и на сосках колпачки с кисточками, но все равно это было божественное зрелище. А когда под конец она наклонилась к аудитории, оказавшись не более чем в шести футах от моего восторженного взгляда, и секунд десять быстро, но умело повращала в разные стороны кисточками — какой нужен был талант! — я ощутил себя на небесах.

Я и теперь все еще твердо уверен: если мне когда-нибудь снова доведется попасть туда, я вновь испытаю полный восторг. И зная это, все последующие годы, пожалуй, не было момента, чтобы я не находился в отменной форме.

Глава 13

ЦЕНА ПРОГРЕССА

В Кор д'Алин, штат Айдахо, после того как домовладельцы сообщили, что в округе задом наперед разъезжает автомашина, помощник начальника полиции Роберт Шмидт провел расследование и установил: за рулем находилась девочка-подросток, которая объяснила: «Мои родственники дали мне попользоваться машиной, а я наездила слишком много миль. Я просто сбрасывала часть их».

«Тайм»,
9 июля 1956 года

Согласно данным Гэллопа, 1957 год был самым удачным годом за всю историю Америки. Не знаю, почему этот, в основном, не богатый событиями год признали головокружительной вершиной американского счастья. Точно одно: уже годом позже нью-йоркские «Великаны» и бруклинские «Ловкачи» бросили родных болельщиков и удрали в Калифорнию.

Одному Богу было известно, почему бейсболу пришло время распространяться на запад — глупо втискивать команды в старые большие города на Востоке и Среднем Западе и не иметь ни одной в новых муниципальных колоссах западных штатов, но владельцы «Ловкачей» и «Великанов» пошли на это не из любви к бейсболу, а из алчности. Мы вступали не в лучший мир, а в мир, где все делалось ради большей отдачи.

Люди были богаче, чем когда-либо раньше, но жизнь почему-то не становилась веселее. Экономика работала как безостановочный механизм: за десять лет валовой национальный продукт возрос на 40 % , с 350 миллиардов долларов в 1950 году до почти 500 миллиардов долларов десять лет спустя, потом возрос еще на треть, до 658 миллиардов долларов, в следующие шесть лет. Но что когда-то вызывало безграничный восторг, теперь порождало едва заметное ощущение, будто чего-то недостает. Люди начинали осознавать, что оживленное стимулирование потребительского общества на деле приносит все меньше отдачи.

К концу 1950-х годов большинство людей — определенно большая часть среднего класса — имели многое из того, о чем мечтали, так что им больше ничего не оставалось, как покупать более крупные разновидности вещей, в которых они, по существу, не нуждались: вторые автомашины, газонные тракторы, холодильники двойных размеров, магнитофоны с высокой точностью воспроизведения, с большими динамиками и большим количеством ручек, лишние телефоны и телевизоры, домашние переговорные устройства, газовые грили, кухонные комбайны, снегоочистители и чего там еще. Обладание большим количеством вещей, разумеется, усложняло жизнь, означало больше текущих расходов, больше ухода за ними, чистки, поломок. Все больше женщин шли работать, чтобы держать домашнее хозяйство на плаву. Вскоре миллионы людей попадали в спираль, в которой они больше работали, чтобы покупать трудосберегающие устройства, которые были нужны прежде всего потому, что они больше работали.

К 1960-м годам средний американец производил в два раза больше, чем каких-то пятнадцать лет назад. Во всяком случае, теоретически люди могли себе позволить работать четыре часа в день, или два с половиной дня в неделю, или шесть месяцев в году и иметь уровень жизни 1950 года, когда жизнь и так была неплохой — и можно утверждать, что касается стрессов, тревог, спешки, во многих отношениях — значительно лучше. Довольно необычно для развитых стран, но рост производительности не прибавил американцам свободного времени. Вместо этого мы решили работать, покупать и иметь.

Разумеется, не все в равной мере стали жить хорошо. Пытавшиеся улучшить свою долю чернокожие, особенно в южной глубинке, в частности в штате Миссисипи, часто подвергались чудовищно жестокому обращению (усугублявшемуся тем, что большинство людей в то время, казалось, не были ни возмущены, ни шокированы). Бывший сержант американской армии, парашютист, человек доброго нрава, Клайд Кеннард в 1955 году попытался поступить в колледж Южного Миссисипи в Геттисберге. Его завернули, но он, подумав, снова вернулся и подал заявление. В отместку за несговорчивость и назойливость университетские власти — я подчеркиваю: не студенты, не недостаточно образованные горожане в белых саванах, а университетские власти — подложили ему в машину запрещенное к продаже спиртное и украденный мешок корма для домашней птицы и обвинили в краже. Кеннарда судили и приговорили к семи годам тюрьмы за преступления, которых он не совершал. Он умер до отбытия срока.

Другие жители Миссисипи — преподобный Джордж Ли и гражданин по имени Ламар Смит — в разных местах попытались реализовать свое право голосовать. Смиту фактически удалось отдать свой голос — что само по себе уже было чудом, — но через пять минут, когда он с торжествующей улыбкой выходил из здания, его застрелили. Хотя убийство произошло среди бела дня в общественном месте, не нашлось ни одного свидетеля, и убийцу не наказали. А преподобного Ли тем временем не пустили на избирательный участок, но тоже застрелили из проезжавшей мимо машины, когда он вечером возвращался домой. Шериф округа Хамфрис назвал причиной смерти несчастный случай, а коронер записал: «По неустановленной причине». В этом деле тоже не было никаких приговоров.

Пожалуй, самый ужасающий случай произошел в Мони, штат Миссисипи, где приехавший из Чикаго молодой человек по имени Эммет Тилл опрометчиво свистнул проходившей мимо лавки белой женщине. В тот же вечер Тилла выволокли из дома его родственников, отвезли в пустынное место, избили до неузнаваемости, застрелили и бросили в реку Талахртчи. Ему было пятнадцать лет. После того как мать Тилла в Чикаго настояла на том, чтобы гроб остался открыт и чтобы весь мир мог видеть, что сделали с ее сыном, гневный протест наконец прокатился по стране. В результате мужа женщины, которой свистнули, и его брата арестовали и предали суду. Доказательств против них было больше чем достаточно. Да они и сами не очень запирались. После менее чем часового обсуждения присяжные — все местные и, разумеется, все белые — нашли их невиновными. «Приговор был бы вынесен скорее, — заметил ухмылявшийся старшина присяжных, — если бы мы не объявляли перерыв, чтобы распить бутылку шипучего». В следующем году, зная, что дело никогда не станут пересматривать, оба обвинявшихся весело признались в интервью журналу «Лук» в убийстве юного Тилла.

Между тем дела в остальном мире оборачивались не так уж здорово. В 1957 году Советы успешно испытали свою первую межконтинентальную баллистическую ракету, что означало — теперь они могли уничтожить нас, не выходя из дому, а через несколько недель первыми в мире запустили в космос спутник. Спутник представлял собой небольшой металлический шар размером примерно с волейбольный мяч, способный не больше чем на вращение по орбите и бибиканье, но даже это было значительно больше того, что могли мы. В следующем месяце они запустили «Спутник-2», который был намного больше, весил тысячу сто фунтов и нес на борту собачку (*коммунистическую* собачку) по кличке Лайка. Наше тщеславие было уязвлено, мы ответили объявлением о запуске собственного спутника, и 6 декабря 1957 года на мысе Канаверал во Флориде запустили камеры сгорания гигантской ракеты «Викинг», несущей новый фантастический спутник «Вэнгард». Весь мир следил за тем, как ракета медленно поднялась на два фута, опрокинулась и взорвалась. Унизительная неудача. Газеты в зависимости от степени остроумия называли случившееся по-разному: «капутник», «стойпутник». Обычно устойчивый рейтинг популярности президента Эйзенхауэра за неделю упал на двадцать два пункта.

Америка запустила первый спутник только в 1958 году, да и тот не слишком внушительный: весил он всего тридцать один фунт и был не намного больше апельсина. Четыре других американских запуска в том году закончились либо эффектными взрывами, либо ракеты вообще не взлетели. Даже в 1961 году более трети американских запусков не удались.

Тем временем Советы шли от успеха к успеху. В 1959 году их ракета опустилась на Луну, были сделаны первые снимки обратной стороны спутника, а в 1961 году они успешно отправили в космос первого космонавта, Юрия Гагарина, и вернули его на Землю. Через неделю после космического полета Гагарина последовало руководимое американцами катастрофическое вторжение в Заливе Свиней на Кубе, внеся в жизнь страны новые пласты смятения и тревоги. За что бы мы ни принимались, оказывались беспомощными и оставались далеко позади.

Не радовали, в общем, и новости из мира общедоступной культуры. Исследования показали, что, как многие уже давно подозревали, сигареты действительно служат причиной рака. «Тарейтон», марку которой курил мой отец, поспешила выступить с серией рекламных объявлений, уверяя курильщиков, что «Все смолы и никотин гарантированно улавливаются фильтром, не достигая вашего горла», и умалчивая о том, что вся смертоносная липкая дрянь, *не* уловленная фильтром, его достигает. Но потребителей уже не так легко было надувать бессмысленными и вводящими в заблуждение утверждениями, особенно когда выплыла новость, что рекламодатели проводят секретные испытания хитрых методов подсознательного восприятия. Согласно журналу «Лайф», в ходе испытаний в кинотеатре в Форт Ли, штат Нью-Джерси, зрителям показывали фильм, в котором две короткие фразы — «Пейте кока-колу» и «Проголодались? Съешьте попкорн» — каждые пять секунд мелькали со скоростью одной трехтысячной секунды — слишком быстро, чтобы осознать, но воздействуя на подсознание, или так представлялось; за время эксперимента продажа кока-колы возросла на 57,7 %, а попкорна почти на 20 %. Скоро, предупреждал нас «Лайф», все кинофильмы и телепередачи будут учить нас, что есть, пить, курить, носить или думать, превращая в зомбированных потребителей. (Фактически подсознательное рекламирование не сработало, и скоро от него отказались.)

В других областях внутреннего фронта продолжала расти преступность малолетних и, похоже, разваливалась система образования. В пользовавшейся наибольшей популярностью в 1957 году книге, озаглавленной «Почему Джонни не может читать», содержалась критика американских образовательных стандартов, предупреждалось, что мы опасно отстаем от остального мира, а успехи коммунизма связывались с утратой американцами привычки к чтению. Само телевидение ужасно оскандалилось, когда обнаружилось, что ответы в телевикторинах заранее сообщались участникам. Чарльз Ван Дорен, ребячливый, скромный, обладающий приятной внешностью отпрыск семьи видных ученых и интеллектуалов (его отец и дядя были обладателями Пулитцеровской премии), стал национальным героем, а благодаря хорошим манерам и отсутствию самодовольства, служил примером для юношества. Он выиграл в программе «Двадцать один» почти 130 тысяч долларов, но потом был вынужден признать, что ему подсказывали ответы. В том же признавались и многие участники других викторин, включая протестантского священника Чарльза Джексона. Куда ни глянь, всюду одна дурная новость следовала за другой. И так на протяжении чуть более года.

К концу десятилетия перемены в Де-Мойне были в основном материальными. Вызывая оживленный интерес, стали появляться крупные магазины и рестораны известных в стране фирм. Теперь мы могли обедать в тех же ресторанах, закусывать в тех же закусочных, носить ту же одежду, что и жители Калифорнии, Нью-Йорка и Флориды. Де-Мойн становился точно таким же, как и другие места, что большинству населения льстило.

Из-за древесного заболевания погибли городские вязы, главные улицы стали выглядеть совершенно голыми. Теперь на Гранд-авеню и Университетской часто сносили бульдозерами старые дома, и на их месте стремительно вырастали то новенькая бензозаправка, то стеклянный ресторан, то выстроенный в новом элегантном стиле многоквартирный дом или просторная автостоянка при соседствующем деловом учреждении. Вспоминаю, как, вернувшись из отпуска (в прерии по маршруту «Пони-экспресс») домой, обнаружили, что от двух старинных зданий в викторианском стиле на Гранд-авеню через дорогу от технической школы остались лишь воспоминания. На их месте на казавшемся тогда огромным участке высился достающий до солнца многоэтажный мотель «Травелодж». Отца чуть не хватил удар, однако большинство жителей радовались и гордились: «Травелодж», видите ли, был не простым мотелем, а чем-то лучшим, с автосервисом; Де-Мойн рос в глазах всего мира, а я был поражен стремительной быстротой произошедших изменений.

Примерно в то же время на Флёр-драйв, зеленом бульваре, ведущем к аэропорту и проходящем через жилые кварталы, открылась гостиница «Холидей инн». Довольно скромное здание, но у дороги стоял огромный, чрезвычайно броский указатель — мелькающий вспышками и узорами света столб из бесконечно бегающих кругами лампочек, — который выводил из себя моего отца. «Как они могли воздвигнуть такое? — ни к кому не обращаясь, вопрошал он, когда случалось проезжать мимо, начиная с 1959 года и до самой смерти, спустя двадцать пять лет. — Видали ли вы в своей жизни что-нибудь более уродливое?» — опять ни к кому конкретно не обращаясь, спрашивал он.

А я считал это замечательным. Не мог дождаться, когда повсюду появятся подобные приметы, и мое желание быстро исполнялось: по всему городу как грибы вырастали заведения, удобные для автомобилистов. В 1959 году Де-Мойн получил первый торговый центр на Мерл Хей-роуд, далеко на окраине, так что многие спрашивали, где это. При нем была автостоянка размером в один из штатов Новой Англии. Никогда не видел столько асфальта в одном месте. Даже отец воспринял это событие с живым интересом.

«Ого, посмотри, какая *парковка*», — восхищался он, словно все годы он только и делал, что без конца искал, где поставить машину.

Около года самым опасным для водителей местом в Де-Мойне была как раз автостоянка у торгового центра на Мерл Хей: водители, разъезжающие наобум по безграничному асфальту, от радости забывали — другие счастливчики поступают подобным же образом.

Вскоре все покупки отец делал только здесь. Многие поступали так же. К началу 1960-х многие хвастались тем, как давно они не были в центре. Как раз когда я стал взрослеть, Де-Мойн перестал быть похожим на город, в котором я вырос.

После Гринвудской я перешел в Каллананскую неполную среднюю школу, с седьмого по девятый класс. Каллананская была намного проще. Обслуживаемый ею микрорайон охватывал более широкий состав населения, так что среди учеников было половина черных и половина белых. Многие из нас впервые близко познакомились с чернокожими ребятами.

Вдруг оказалось, что шестьсот соучеников физически сильнее, выносливее, смелее, искушеннее и ловчее нас. Вот тогда ты определенно понял нечто, о чем раньше лишь втайне подозревал, что тебе никогда не занять место Боба Коузи в «Бостон селтикс», никогда не побить рекордных пробежек Луи Брока из «Сент-Луис кардиналз», никогда не попасть в число претендентов на Олимпийские игры в любом виде спорта. Тебе даже не светило попасть в младшую школьную команду по софтболу.

Это стало очевидно с первого же дня, когда мистер Шлубб, преподаватель физкультуры, похожий фигурой на грушу, предложил нам пробежать шесть немыслимо больших кругов по беговой дорожке. Для ребят из Гринвудской школы — белых, изнеженных слабаков — это явилось невиданным потрясением. Большинство из нас бежало, словно утопая в сыпучем песке и уже к первому повороту судорожно глотая воздух. На втором круге малый по имени Уиллис Померанц расплакался, потому что раньше никогда не потел, он подумал, что истекает жизненной жидкостью; трое других запросились в медпункт. Все без исключения чернокожие, включая трехсотфунтового, круглого, как шар, Табби Брауна, шутя обгоняли нас. Они бегали не просто лучше, а на порядок лучше. И так было, как нам предстояло узнать, во всех видах спорта.

Зимой мы играли в баскетбол в тускло освещенном гимнастическом зале, и никто из белых ребят, кого я знал, даже *не успевал увидеть* мяч. Ты просто наблюдал расплывчатые пятна, легко порхающие между двумя-тремя чернокожими, потом со свистом колыхалась корзина, и ты знал — надо поворачивать и бежать на другой конец площадки. Большей частью ты старался оставаться в стороне и не поднимать руки выше пояса, иначе могли подумать, что ты ждешь паса, а этого тебе больше всего не хотелось. Один малый, Уолтер Хаскинс, однажды, стоя под корзиной, бездумно почесал в затылке и в следующий момент получил такой удар мячом в лицо, что во лбу появилась вмятина. Приводить его в норму пришлось с помощью вантуза — так мне рассказывали.

Чернокожие к тому же были необычайно жесткими. Однажды я видел, как раскормленный белый шалопай, которого звали Дуэйн Дэрдл, в буфете стал безжалостно донимать маленького чернокожего Тайрона Морриса, и, когда у Тайрона лопнуло терпение, он, выйдя из себя, повернулся и выдал по физиономии обидчика шквал ударов, да таких быстрых, что я даже не разглядел, как мелькали руки. Только слышны были резиновые звуки «бла-бла-бла» и стук отскакивавших от стен и радиаторов зубов. Когда Дэрдл с остекленевшим взглядом, захлебываясь, опустился на колени, Тайрон сунул руку ему в глотку и вывернул его наизнанку.

«Проклятый чертов идиот», — с удивлением, даже в смятении произнес Тайрон и перешел к стойке с десертом.

Правда, между белыми и черными в Каллanане почти не было явного недоброжелательства. Чернокожие ребята почти все без исключения были беднее нас, но в остальном почти во всех отношениях такими же, как мы. Они были из крепких, работящих семей. Говорили так же, как мы, делали покупки в тех же магазинах, одевались одинаково с нами, ходили в те же кинотеатры. Все мы были просто детьми. Кроме моей бабушки, спрашивавшей в «Бишопе» про негра, я не помню, чтобы за все свои детские годы хотя бы раз услышал расистское высказывание.

Не стану делать вид, будто мы не замечали, что чернокожие были чернокожими, но почти не обращали на это внимания. То же касалось и других этнических групп. Несколько лет назад, когда мне надо было придумать имя одному из моих приятелей детства, я выбрал имя Стивена Каца, отчасти по запомнившемуся с детства названию аптеки в Де-Мойне, отчасти потому, что мне нужно было короткое имя — так легче печатать. Никогда мне в голову не приходило, что имя — семитское. В Де-Мойне я как-то не думал о ком-нибудь — он еврей. Вряд ли кто-нибудь думал иначе. Даже когда встречались фамилии вроде Вассермана или Лейбовича, всегда удивлялись, когда узнавали об их еврейском происхождении. Де-Мойн был не таким уж многонациональным местом.

Во всяком случае, тот Кац не был евреем. Он был католиком. И я познакомился с ним в Калланане, когда Даг Уиллоуби вовлек его в организованный захват Аудиовизуального клуба — ловкий, но необычный ход и неувядающее свидетельство гения Уиллоуби. Членам клуба было поручено содержать в порядке и показывать учебные фильмы. Когда учитель хотел показать фильм — а некоторые мало что делали помимо этого, ведь не надо вести урок и даже долго торчать в классе, — член элитной команды привозил в нужный класс проектор, со знанием дела протаскивал ленту через дюжину зубчатых колесиков и угощал желанным познавательным фильмом.

Исторически Аудиовизуальный клуб являлся, как можно было ожидать, областью приложения сил ни на что больше не способных учеников, но Уиллоуби сразу разглядел его преимущества для людей нормальных. Прежде всего, он давал ключ к единственному запертому помещению, куда имели доступ ученики и где мы могли почти без опаски курить, как только Даг раскусил систему вентиляции (и очень быстро). Далее, он давал доступ к огромным запасам фильмов, включая фильмы о половом воспитании примерно с 1938 по 1958 год. Наконец, самое главное, давал законные основания свободно разгуливать во время уроков по пустым коридорам школы. Если учитель, увидев тебя бродящим по залитым солнцем коридорам (а каким восхитительным, расслабляющим, привилегированным местом могли быть пустые школьные коридоры!), строго спрашивал, почему не на уроке, ты мог просто ответить: «Я иду в Аудиовизуальный кабинет привести в порядок такой-то и такой-то фильм», что более или менее соответствовало истине. Не скажешь же, что идешь выкурить полпачки «Честерфильда».

Таким образом, по задумке Уиллоуби, пятнадцать наших вступили в клуб и первым делом проголосовали за исключение тогдашних членов. Оставили только одного недоумка — Мильтона Мильтона, да и то за полбутылки мятного ликера, который он спер из отцовского бара, и еще потому, что, если мы не оставим его в клубе, он грозил донести на нас своим родителям, директору школы, школьному комитету и окружному шерифу, который, как он утверждал, был близким другом семьи.

Аудиовизуальный кабинет прятался в темном углу на верхней площадке задней лестницы. По существу, на чердаке. Здесь содержался богатый ассортимент старого сценического реквизита, костюмов по сценариям ежегодников 1920-х и 1930-х годов и пыльные полки старых фильмов — по гигиене, половому воспитанию, кинохроника, о вреде марихуаны и много чего другого. Мы провели много приятных часов, показывая друг другу фильмы о половом воспитании.

Уиллоуби отыскал монтажный набор и проводил часы, монтируя фильмы для собственного удовольствия. Вставлял шагавших гусиным шагом нацистов в фильмы об Орегонском процессе и т. п. Самой большой его удачей был фильм о половом воспитании, когда за строкой: «Джонни просто испытал первую ночную поллюцию» — последовали кадры, на которых курсанты военно-морской академии радостно кидали фуражки в воздух.

Именно в Аудиовизуальном клубе я познакомился с переведенным из католической школы учеником, названным мной Стивеном Кацем. Могу лишь сказать, что это был самый удивительный человек, какого я когда-либо встречал, и во многих отношениях самый лучший. В те дни он был самым веселым, самым дружелюбным и общительным малым, какого знал мир, будучи трезвым и еще больше в пьяном виде, в каком он находился большую часть времени даже в четырнадцать лет. Я не встречал никого, кого бы так влекло к алкоголю и кто бы так дружил с ним. С первого момента было очевидно, что очарование Каца таит в себе опасность.

Кац, Уиллоуби и я частенько пропускали уроки и целыми днями пытались забраться в комод старшего брата Уиллоуби, Рональда. У Рональда имелась огромная коллекция мужских журналов, которые он надежно прятал в большом комоде у себя в спальне. Рональд — самый старший, самый толковый и самый примерный из братьев Уиллоуби — прислуживал в алтаре, был скаутом, членом студсовета, старостой класса, словом, затычкой всюду — и хитрее остальных трех братьев, вместе взятых. Каждый ящик комода не только хитроумно запирался, но даже открытый был снабжен непроницаемой крышкой, которая, казалось, не оставляла никаких шансов. В довершение всего значительная часть комнаты, от дверной ручки до отдельных половиц, была оборудована смертельными ловушками. В зависимости от того, до чего дотрагивался или куда совался незваный гость, он мог получить взбадривающий электропок или попасть под многочисленные удары летающих ракет, падающих предметов, раскачивающихся молотков, застрять в капкане или получить щедрый заряд перечного аэрозоля.

Мне особенно запомнился недолговечный восторг Уиллоуби, когда после многочасового исследования он наконец раскусил, как открыть второй ящик комода — нужно было что-то повернуть в его филигранном резном украшении, — в тот же миг раздался свистящий звук и прекрасно изготовленная тонкая самодельная стрела около шести дюймов длиной, дрожа, вонзилась в дерево комода в двух дюймах слева от головы Уиллоуби. На стержне крепился клочок бумаги, на котором было аккуратно написано: «Предупреждаю: стреляю насмерть».

— Он, черт побери, сошел с ума, — единодушно решили мы.

После этого Уиллоуби защищался любыми способами, какие приходили в голову, — надевал очки сварщика, хоккейные перчатки, зимнее пальто, нагрудник бейсбольного кетчера, шлем мотоциклиста, словом, все, что оказывалось под рукой, — а мы с Кацем болтались в коридоре, подбадривая его и расспрашивая, как идут дела.

Задача становилась особенно злободневной, потому что журнал «Плейбой» недавно начал показывать волосы на лобке. Трудно поверить, что до 1960-х годов такая эротическая зона ждала своего открытия, но это так. До этого женщины в мужских журналах совсем не имели репродуктивных органов — по крайней мере тех, которые они были готовы показать посторонним. Казалось, они страдали странным рефлекторным заболеванием — Уиллоуби называл его *vaginus timiditus,* — из-за которого, как только появлялся фотоаппарат, они вывертывали бедра и закидывали ногу на ногу, словно стараясь показать обратную сторону нижней части тела. Я долгое время считал, что женщины принимали такое положение, когда были голыми или держались свободно. Когда «Плейбой» впервые показал лобковые волосы, это не меньше чем на трое суток стало в Америке главной темой мужских разговоров. («Проверить вам смазку, мистер? Видели последний номер «Плейбоя»?) «Вульворт» продал все имеющиеся увеличительные стекла за сутки.

Мы, так сказать, всем сердцем стремились попасть в узкий круг избранных. Уиллоуби ни разу не удалось проникнуть в личные запасы брата, пока в один прекрасный день он с отчаяния не взломал нижний ящик с помощью пожарного топора, откуда, как из рога изобилия, выкатилась груда мужских журналов — боже! — брат был коллекционером что надо. Мне редко доводилось так приятно и поучительно проводить время. В наказание Уиллоуби пришлось два месяца сидеть дома, но мы все согласились, что жертва того стоила, к тому же он все же получил удовлетворение: брату тоже досталось, ибо некоторые из журналов действительно были довольно откровенными.

Как всегда, когда дело доходило до подлинного знакомства с женским телом, мне крайне не везло со временем. Летом между восьмым и девятым классами я ездил навестить дедушку с бабушкой, где, как обычно, имел удовольствие лицезреть дядюшку Ди, а по возвращении узнал, что в мое отсутствие к Уиллоуби заходила за бумажной калькой ослепительно-красивая, всегда веселая Кэти Уилкокс и научила его с Кацем новой игре, которую сама освоила в библейском лагере — библейском лагере! — когда желающему завязывали глаза, минуты две крутили на месте, а потом раз тридцать крепко стискивали его или ее грудь, и жертва при этом забавно падала в обморок.

— Всякий раз, — говорили они.

— Простите, но вы только что сказали «ее грудь» — «стискивали ее грудь»? — переспросил я.

У Кэти Уилкокс была грудь, которую стоило потискать. Простого упоминания ее имени было достаточно, чтобы вся моя кровь прихлынула в область таза и напряглась в бесполезной готовности. Они весело закивали. Я не мог поверить, как мне опять не повезло.

— Грудь Кэти Уилкокс? Вы тискали грудь Кэти Уилкокс? Своими руками?

— И не раз, — расплывшись в улыбке, подтвердил Уиллоуби.

Кац тоже весело закивал.

Мое отчаяние невозможно описать. Я упустил единственную возможность обрести подлинно эротическую практику, какую только мог получить четырнадцатилетний паренек, и вместо этого целых два дня наблюдал, как кое-кто превращал разнообразную еду в стреляющую сыворотку.

Великим открытием в этом возрасте явилось курение. Ох, до чего же я любил курить и как хорошо у меня получалось. Лет эдак с десяток, а то и больше, я только и делал, что сидел за столом над книгами, затягиваясь по-французски (то есть пуская струйки дыма через нос, что дает с каждой затяжкой двойную дозу никотина, а также предполагает оживление мозговой деятельности, пускай даже ценой никотиновых пятен на верхней губе и желтовато-коричневых кругов у ноздрей), или, заложив руки за голову, расслабленно откидывался в кресле, пуская кольца дыма. В этом занятии я настолько преуспел, что мог заставить отскакивать их от картин на дальней стенке или пропускать одно колечко сквозь другое — умение, благодаря которому был отмечен как великий мастер курения, когда мне еще не было пятнадцати.

Обычно мы курили в спальне Уиллоуби, сидя у оконного вентилятора, поставленного на вытяжку, так что весь дым жужжащие лопасти вытягивали наружу. В те дни преобладало мнение (которого целиком придерживался мой отец, в конечном счете оставшись единственным его сторонником), что если вентилятор работает на вытяжку, то вытягивает весь жаркий воздух, а прохладный поступает через все остальные окна. Это почему-то считалось намного экономичнее, что и привлекало моего отца. На самом деле все было совсем не так — разве что снаружи становилось чуть прохладнее, — и все отказались от этой идеи, кроме моего отца, который до самой кончины продолжал охлаждать наружный воздух.

Во всяком случае, одно из преимуществ от работавшего на вытяжку вентилятора состояло в том, что можно было с шиком заканчивать курение: ты щелчком посылал окурок на шуршащие лопасти, которые превращали его в дождь вылетающих наружу искр, не оставляя никаких следов. Все шло хорошо до одного августовского вечера, когда мы с Уиллоуби, покурив, вышли на воздух и не заметили, как одна сбившаяся с пути горящая крупинка залетела в комнату и упала в складку шторы, где около часа тлела, а потом вспыхнула небольшим, но довольно веселым огоньком. Когда мы с Уиллоуби вернулись к дому, там стояли три пожарные машины, по газону, через переднюю дверь и вверх по лестнице змеились шланги; в палисаднике валялись мокрые шторы из спальни Уиллоуби и несколько все еще дымившихся предметов мебели; мистер Уиллоуби на веранде в довольно возбужденном состоянии ждал сына.

Однако беды мистера Уиллоуби на этом не кончились. Весной следующего года Уиллоуби с братом Джозефом, дабы отметить последний день учебного года, решили сделать бомбу, набить ее конфетти и накануне ночью закопать в центре школьной лужайки, прекрасного газона нетоптаной травы, окруженного полукруглой подъездной дорожкой. В 3.01 пополудни, как раз когда тысяча оживленно тараторящих учеников хлынет из всех четырех выходов, приведенная в действие будильником бомба должна была рвануть со страшным грохотом, наполнив воздух пылью, дымом и приятным дождем цветных бумажных кусочков.

Братья Уиллоуби неделями смешивали у себя в спальне опасные дозы пороха и испытывали различные смеси, каждая сильнее предыдущей, в лесу у железнодорожных путей близ Фонтанного парка. Последнее испытание оставило дымившуюся воронку диаметром почти четыре фута, разбросало конфетти на двадцать пять футов, а слышный по всему городу раскатистый взрыв был такой силы, что к месту испытаний с четырех разных направлений поспешили полицейские машины и медленно, с опаской кружили там почти сорок минут (самое продолжительное время, когда полицейским Де-Мойна пришлось обойтись без кофе с пончиками).

Зрелище обещало быть фантастическим — стать самым запоминающимся выпускным днем в школьной истории Де-Мойна. Уиллоуби с братом собирались встать в четыре часа, под покровом темноты пробраться на территорию школы, установить бомбу и ждать конца учебного дня. С этой целью они приготовили нужные вещи — лопату, темную одежду, лыжные шлемы — и тщательно подготовили бомбу, оставив ее тикать на столе в спальне. Зачем они установили таймер — вопрос, который в будущем будет задаваться не раз. Каждый из братьев решительно возлагал вину на другого. Что несомненно — когда они ложились спать, ни одному не пришло в голову, что 3.01 утра наступает раньше 3.01 пополудни.

Так уж вышло, что в этот поздний час, за пятьдесят девять минут до того, как зазвонил их собственный будильник, ночной покой нарушил оглушительный взрыв в спальне Дага и Джозефа Уиллоуби. Разумеется, в этот час на улицах Де-Мойна никого не было, но если бы какой-нибудь случайный прохожий в момент взрыва взглянул на дом Уиллоуби, то увидел бы яркий свет на верхнем этаже, в следующий момент — вылетающие из спальни два окна и через секунду густой клуб дыма и весело мелькающие конфетти.

Но, конечно, самым запомнившимся в этом событии был звук взрыва, невероятно сильный и ошеломляющий. Люди вскакивали с постелей за четырнадцать кварталов от места взрыва. По всему городу зазвучали автоматические сигналы тревоги, а по крайней мере в двух учреждениях сработали противопожарные оросительные устройства. Быстро сработала городская сирена воздушной тревоги, — так и не установили, то ли случайно, то ли кто включил на всякий случай. Через считаные секунды двести тысяч заспанных, поднятых с постелей жителей выглядывали из окон спален в сторону слишком ярко освещенного задымленного дома в западной стороне города, по которому, спотыкаясь, бродил дошедший до точки мистер Уиллоуби, со всклокоченными волосами, повторяя: «Что за черт? Что за черт?»

Даг с братом, разукрашенные сажей и двое суток не слышавшие ничего, если им не кричали в ухо, чудом остались невредимы. Единственной жертвой оказалась небольшая подопытная крыса, которая жила в клетке на столе; от нее остались лишь клочки шкуры. Взрыв сдвинул дом Уиллоуби на полдюйма с фундамента и породил счета за ремонт на десятки тысяч долларов. Полиция, пожарная служба, шериф и ФБР рьяно стремились предъявить семье обвинение, хотя не сошлись во мнении, в чем именно. Мистер Уиллоуби втянулся в длительную тяжбу со страховой компанией и проходил продолжительный курс психотерапии. Дагу Уиллоуби с братом полгода разрешали уходить из дома только в школу и в церковь на исповедь. В каком-то смысле они по сию пору считаются наказанными.

Итак, мы перешли в полную среднюю школу.

В эти хвастливые прыщавые годы главной заботой и развлечением стали выпивки. Все выпивки заводил Кац, для которого спиртное было не способом времяпрепровождения, а скорее, служило кислородом. Для дурного поведения это был золотой век. Полдюжины «Старого милуокского» покупали за 59 центов (69 центов за охлажденное), а пачку сигарет («Олд гоулд» неизвестно по какой логической или исторической причине были излюбленной маркой учащихся моей школы имени Рузвельта) за 35 центов, таким образом, ты получал полный вечер удовольствий меньше чем за доллар, даже с учетом налога с оборота. К сожалению, несовершеннолетним купить пива было невозможно, почти так же трудно, как купить сигарет.

Кац решил эту проблему, став самым искусным пивным вором в Де-Мойне. Его воровская карьера началась в седьмом классе, когда он нашел способ проще не придумаешь. В магазинах фирмы «Даль» в результате бесконечных усовершенствований установили холодильники, открывавшиеся как спереди, так и сзади, чтобы их можно было загружать и из подсобки. Там же находилась отгороженная площадка для пустых картонных ящиков, которые периодически раздавливались и увозились. Хитрость Каца заключалась в том, что он подходил к задней двери и обращался к кому-нибудь из дежуривших там: «Извините, мистер. Моя сестра переезжает на новую квартиру. Можно взять пустых коробок?» — «Конечно, пацан, — всегда звучало в ответ. — Бери».

Тогда Кац заходил в кладовую, выбирал большую коробку, быстро загружал ее прекрасным охлажденным пивом из холодильника, клал сверху для верности еще пару пустых коробок и не спеша выходил наружу. Часто тот самый, кто впустил, открывал перед ним дверь. Самое трудное, как-то говорил мне Кац, — это сделать вид, что коробки пустые и ничего не весят.

Конечно, можно было просить коробки ограниченное число раз, чтобы не вызвать подозрений, но, к счастью, магазины «Даль» находились по всему Де-Мойну, с такими же приглашающими заглянуть в них холодильниками, так что было достаточно перемещаться от магазина к магазину. Кацу удавалось безнаказанно выносить пиво больше двух лет, и, осмелюсь сказать, он продолжал бы и дальше, если бы однажды, когда Кац выходил из «Даля» в Биверделе, у коробки не отвалилось дно и шестнадцать бутылок «Фальстафа», емкостью в кварту каждая, не грохнулись на пол, образовав пенное месиво. Кац не был создан для бега, поэтому просто стоял, ухмыляясь, пока сотрудник не отвел его к управляющему. Он отсидел две недели в Мейер-холле, исправительном заведении для малолетних.

Я не имел ничего общего с магазинными кражами; был трусоват и достаточно благоразумен, чтобы так откровенно нарушать закон. Мой вклад — подделка водительских прав. Это были, позволю себе сказать, маленькие шедевры — если не забывать, что в те дни водительские права в штатах не представляли собой что-то ужасно мудреное. По сути, листочки плотной голубой бумаги размером с кредитную карточку и с волнистыми водяными знаками. Меня осенило: на оборотной стороне чеков из чековой книжки отца почти точно повторялся этот волнистый узор. Если обрезать один из чеков до нужного размера, перевернуть на другую сторону и с помощью рейсшины начертить на ней нужного размера квадратики, в которые вписываются фамилия, адрес владельца и все остальное, потом сверху тонким пером аккуратно написать по линейке слова: «Управление автотранспорта штата Айова» — и добавить еще кое-какие мелкие завитушки, то получатся вполне пригодные липовые водительские права.

Если же на полноформатной пишущей машинке, как у моего отца, впечатать в квадратики фальшивые данные, особенно приписав владельцу подходящую дату рождения, получался документ, с которым можно было идти в любой продовольственный магазин и покупать сколько угодно пива.

О чем я не подумал, пока не оказалось слишком поздно, что на другой стороне этих прав домашнего изготовления оставались отдельные подробности банковского счета моего отца — название банка, номер счета, компьютерный код и тому подобное — в зависимости от того, из какой части чека я вырезал карточку.

Осознал я это в 9.30 утра буднего дня, когда меня вызвали в кабинет директора школы Рузвельта. До этого я там ни разу не бывал.

В приемной уже сидел Кац. Он-то частенько здесь бывал.

— В чем дело? — спросил я.

Но Кац не успел ответить, как открылась дверь в святая святых. У директора сидел полицейский в штатском, который представился сержантом Ротиссери, или кем-то вроде того. У него я видел последнюю в Америке стрижку «ёжиком».

— Мы раскрыли шайку изготовителей фальшивых водительских прав, — мрачно сообщил мне сержант и показал одно из моих творений.

— *Шайку?* — переспросил я, силясь не улыбаться. Моя самая первая попытка преступления, и вот те на — сразу «шайка». Было чем гордиться. С другой стороны, мне не особенно хотелось попасть в исправительную школу штата в Кларинде и провести следующие три года, против своей воли занимаясь мыльным сексом в душевой с малыми, которых звали Билли Боб и Клетус Леруа.

Он дал мне взглянуть на права. Это был экземпляр, который я сделал для Каца (или «г-на Б. Боппа», как он довольно ухарски переименовал себя). Прошлой ночью его подобрали на травяной разделительной полосе бульвара Полк, где он вздремнул, будучи под пивными парами, и при просмотре личных вещей в участке обнаружили поддельные права, которые я теперь с вежливым любопытством рассматривал. С обратной стороны было написано «Доверитель» и ниже фамилия и адрес отца — яснее не скажешь.

— Это ваш отец, не так ли? — спросил детектив.

— Ну да, — ответил я с очень, как я надеялся, озадаченным видом.

— Не хотите ли объяснить, как это получилось?

— Не имею представления, — с серьезным видом ответил я. Потом добавил: — Ой, погодите. Конечно, знаю. На прошлой неделе ко мне приходили приятели послушать пластинки, и вдруг к нам ворвались несколько парней, которых я раньше не видал. — Я чуть понизил голос. — Они были пьяны.

Детектив, нахмурившись, понимающе кивнул. С такими явлениями он был знаком.

— Мы, конечно, попросили их уйти, и они, когда поняли, что у нас нет пива или какого-нибудь спиртного, в конце концов ушли, но, я уверен, один из них незаметно залез в стол отца и украл несколько чеков.

— Какие-нибудь соображения, кто они такие?

— Почти уверен, они из школы в северном районе. Один из них похож на Ричарда Спека.

Детектив кивнул:

— Кое-что проясняется, не так ли? Свидетели есть?

— М-м, — неопределенно промычал я, но кивнул, давая понять, что должно быть много.

— Стивен Кац там был?

— Думаю, был. Да, уверен, что был.

— Выйдите, пожалуйста, в приемную и попросите зайти мистера Каца.

Я вышел. Кац сидел там. Я наклонился к нему и быстро произнес: «Школа в северном. Ворвались на вечеринку. Украли чеки. Ричард Спек».

Он кивнул, мгновенно поняв все. Это одна из причин, почему я утверждаю, что Кац самый славный малый на свете. Через десять минут снова позвали меня.

— Мистер Кац подтвердил ваши показания. Похоже, эти парни из северной школы похитили чеки и прокатали их через печатную машину. Мистер Кац стал одним из клиентов.

Он поглядел на Каца без особой симпатии.

— Здорово! Дело распутано! — весело воскликнул я. — Итак, мы можем идти?

— Вы можете, — ответил сержант. — Боюсь, мистеру Кацу придется поехать со мной.

Таким образом Кац получил срок, дав мне возможность остаться чистым, спаси и помилуй его Господь. Он провел месяц в исправительном заведении.

Что касается Каца, он совершал плохие поступки не потому, что ему хотелось похулиганить; он совершал их по острой необходимости. В поисках новых источников он решался на все более опасные мероприятия. В Де-Мойне существовали четыре оптовые пивные компании. Их кирпичные складские помещения располагались на тихой окраине, через которую проходили железнодорожные пути. Кац пару недель внимательно приглядывался к ним и понял, что там не было никакой охраны, а по субботам и воскресеньям никто не работал. Он также заметил, что на железнодорожных ветках рядом со складами часто, особенно по выходным, стояли товарные вагоны.

В одно воскресное утро Кац и малый по имени Джейк Бекинс поехали в пригород, поставили машину рядом с вагоном и сбили кувалдой замок. Отодвинув дверь, увидели, что он доверху загружен ящиками с пивом. Не говоря ни слова, они загрузили машину Бекинса ящиками, закрыли дверь вагона и поехали домой к Арту Фрелиху, родители которого уехали из города на похороны. С помощью Фрелиха они перенесли пиво в подвал. Затем все трое вернулись к вагону и повторили процедуру, пока не опорожнили вагон и не наполнили подвал. На перевозку пива ушло все воскресенье.

Родители Фрелиха должны были вернуться во вторник, так что в понедельник Кац и Бекинс собрали с двадцати пяти приятелей по пять долларов и сняли меблированную квартиру в спокойном уголке города близ университета Дрейка. Из подвала Фрелиха на новую квартиру перевезли все пиво. Кац с Бекинсом наслаждались выпивкой семь вечеров в неделю, а остальные заглядывали накоротке после школы и сиживали подольше по выходным.

Через три месяца пиво кончилось, и Кац с небольшим отрядом приспешников снова провели воскресенье, опорожняя вагон другой компании. Когда еще через три месяца пиво кончилось, они вновь рискнули отправиться в пригород, но на этот раз с большими предосторожностями, думая, что после двух крупных краж за складами станут присматривать повнимательнее.

На удивление, оказалось, что это не так. Но на сей раз не было ни одного вагона, поэтому они выбили филенку в одной из складских дверей и через дыру проникли внутрь. Внутри было столько пива, сколько они в жизни не видали: на поддонах стояли штабеля ящиков, готовые к доставке в понедельник в бары и магазины по всей Центральной Айове.

Работая без отдыха и набрав множество добровольных помощников, они все выходные загружали пивом одну машину за другой, постепенно опорожняя склад. Фрелих ловко управлялся с вильчатым погрузчиком, а Кац регулировал движение. Все эти удивительные выходные можно было видеть — если бы кто удосужился взглянуть, — как пара дюжин школьников выносили из склада ящики пива, везли через весь город, доставляя, как эстафету, в чуть покосившийся и обветшавший жилой дом на углу Двадцать третьей улицы и Форест-авеню. По мере распространения слухов стали являться ученики других школ, спрашивая, нельзя ли прихватить пару ящиков.

— Конечно, — щедро объявлял Кац. — Всем хватит. Подгоняй машину и постарайся не оставить пальчиков.

Это была крупнейшая за многие годы, а то и вообще за все время, кража в Де-Мойне. К несчастью, слишком много людей принимали в ней участие, так что каждый обитатель моложе двадцати знал, кто зачинщик. Никто не знает, кто настучал полиции, но на рассвете третьего дня после кражи арестовали двенадцать главных заговорщиков и привели в наручниках на допрос. Среди них, разумеется, был и Кац.

Это были хорошие ребята из хороших семей. Их родители страшно расстроились. Наняли дорогих адвокатов, которые быстро договорились с прокурором, чтобы снять обвинения, если те назовут фамилии соучастников. Только родители Каца не пошли на соглашение. У них не было достаточно средств, чтобы откупиться, да они и не считали это правильным. Кроме того, *кто-то* же должен сесть за решетку — нельзя просто так отпустить всех виновных, иначе, скажите на милость, что это у вас за правосудие? — надо было найти козла отпущения, и все сошлись на том, что им должен стать Кац. Его обвинили в хищении в крупных размерах, тяжком уголовном преступлении, и отправили на два года в исправительную школу. Мы не видели его до поступления в колледж.

Я чудом окончил школу. С долей гордости могу похвастаться, что все три года был первым учеником по пропуску уроков, а в первый год отличился тем, что пропустил больше дней, чем ученик со смертельным заболеванием, о чем миссис Смолтинг, моя наставница по профориентации, не уставала мне напоминать. Ненависть и отвращение, которые питала ко мне миссис Смолтинг, были чуть больше, чем безграничными.

— Говоря откровенно, Уильям, — с нескрываемым презрением сказала она, после того как мы прошлись по длинному списку возможных профессий, включая ремонт пылесосов и коммивояжерство, и она, к своему полному удовлетворению, установила, что ни по моральным соображениям, ни по школьным критериям, ни по умственным способностям и элементарным навыкам я не гожусь ни для одного из них, — кажется, ты вообще ни на что не способен.

— Похоже, придется стать школьным наставником по профориентации! — шутя, заметил я, но, боюсь, миссис Смолтинг приняла это слишком всерьез. Она отвела меня к директору — второй мой визит за год! — и официально обратилась с жалобой.

Мне пришлось униженно писать извинение, заверять миссис Смолтинг в моем к ней уважении, дабы мне позволили на следующий год продолжать учебу, это было очень важно, потому что в то время, в 1968 году, единственной вещью, которая стояла между твоим нежным телом и вьетконговской пулей, являлась американская система образования, автоматически дававшая отсрочку от призыва. Четверть молодых американцев в 1968 году служили в вооруженных силах. Почти все остальные учились в школах, сидели в тюрьмах или были Джорджем Бушем. Для многих школа оставалась единственным реальным средством избежать военной службы.

Одним из последних официальных актов Малыша по прозвищу Молния было превратить миссис Смолтинг в небольшой обугленный комок, известный в промышленности как шлак. Потом я вручил аккуратно сформулированное письмо с извинениями, несколько месяцев по мере сил отдал учебе и, не привлекая к себе особого внимания, окончил школу, оказавшись ближе к концу списка.

Осенью я поступил в местный Университет Дрейка. Но примерно после года бесцельного пребывания там уехал в Европу и поселился в Англии.

Глава 14

РАЙСКИЙ УГОЛОК

Юджин Кромвель, когда его машину занесло на автостраде в Милуоки, остался невредим. Он вышел посмотреть на повреждения и свалился в известняковый карьер глубиной 30 футов. Сломал руку.

«Тайм»,
23 апреля 1956 года

Когда я рос, отец иногда собирал нас в гостиной и спрашивал, что мы скажем насчет переезда в Сент-Луис, или в Сан-Франциско, или еще в какой-нибудь важный город. «Кроникл», или «Екзаминер», или «Пост-Деспетч», мрачно сообщал он нам, только что потеряли бейсбольного обозревателя. У него это всегда звучало так, будто тот не вернулся с задания, как пилоты во Вторую мировую войну, и ему предлагают место. «К тому же предлагают очень хорошие деньги», — добавлял он с таким неподдельным ужасом, словно удивляясь, как можно столько платить просто за присутствие на бейсбольных матчах Высшей лиги.

Я всегда был «за». Меня захватывала мысль, что отец работает в такой области, где люди порой исчезают. Позднее больше присутствовало желание провести оставшиеся юные годы в месте — любом месте, — где ежедневными новостями не служат цены на свинину и виды на урожай.

Но этого не происходило. В конечном счете они с матерью всегда решали, что вполне довольны Де-Мойном. У них была хорошая работа в «Реджистере» и дом получше, чем они могли бы позволить себе в большом городе вроде Сан-Франциско. Здесь жили наши друзья. Де-Мойн ощущался и был родным домом.

Теперь, когда прошли годы, я рад, что мы не покинули Де-Мойн. Я на всю жизнь сохранил к нему привязанность. Все полученное мною воспитание, весь приобретенный опыт, каждый дюйм моего роста принадлежат этому благодетельному, дружелюбному, взлелеявшему меня сообществу людей.

Разумеется, многого от того Де-Мойна, в котором я рос, больше не осталось. Он уже менялся к тому времени, когда я достиг отрочества. Первыми стали исчезать дворцы кино в центре города. В 1966 году, освобождая место под строительство деловых зданий, снесли кинотеатр «Де-Мойн», эту удивительную махину великолепия. Я не осознавал этого, пока, готовясь писать книгу, не стал читать об истории города, а ведь «Де-Мойн» был самым красивым кинотеатром не только в городе, но, возможно, самым красивым из уцелевших кинотеатров на всем пространстве от Чикаго до Западного побережья. Далее я с восхищением обнаружил, что его построил не кто иной, как А.Г. Бланк, живший в пентхаузе филантроп, которого мы с Джедом Маттесом, бывало, навещали. В 1918 году он потратил на сооружение здания необычно щедрую сумму в 750 тысяч долларов. Трудно представить, что кинотеатр не просуществовал и полстолетия. За ним один за другим прекратили существование главные кинотеатры моего детства: «Парамаунт», «Орфеум» (позднее названный «Галакси»), «Ингерсолл», «Хиланд», «Холидей» и «Капри». Если вы теперь захотите посмотреть кино, надо ехать к торговому пассажу, где можно выбирать из дюжины фильмов, но только на очень маленьком экране и в кинотеатриках размером в обувную коробку. Не так уж много волшебства.

«Ривервью»-парк закрылся в 1978 году. Сегодня это просто большой пустырь, где ничто не свидетельствует о былом. Примерно в то же время закрылся «Бишоп», наш любимый кафетерий, с атомными туалетами, маленькими настольными лампочками, чудесной кухней и благожелательными официантками. Примерно тогда же исчезли местные ресторанчики: «Джонни энд Кейз», «Деревенский джентльмен», «Бейбз», «Болтон энд Хейз», «Викс Тэлли-Хо», милый сердцу «Тоддл хауз». «Тоддл хаузу» помог в этом Кац, внедрив новую идею: «поел и смывайся», согласно которой он и все, кто с ним был, от души наслаждались поздним ужином, а затем быстро удалялись, не расплатившись, бросая через плечо, если их окликали: «Денег нету — надо бежать!» Я не сказал бы, что «Тоддл хауз» разорил один Кац, но он явно этому способствовал.

«Трибюн», вечерняя газета, которую я много лет неблагодарно разносил по домам, закрылась в 1982 году, когда наконец издатели поняли, что ее никто не читал года так с 1938-го. Тремя годами позже ее большая сестра «Реджистер», когда-то бывшая гордостью Айовы, перешла в руки организации Ганнета. Сегодня она, скажем, не та, что была раньше. Она больше не посылает репортера на весенние бейсбольные сборы, и даже не всегда на игры Мировой серии.

Моя старая Гринвудская начальная школа все еще высится над прекрасной лужайкой, все еще великолепно смотрится с улицы, но замечательный гимнастический и актовый залы, его самые дорогие сердцу достопримечательности, снесли, очистив место для новой стеклянной пристройки; давно нет и других отличавших школу деталей — раздевалок, звякавших радиаторов, изящных фонтанчиков, запаха мимеографа, — так что это теперь не то место, которое я знал.

Мой бесподобный парк малой лиги с его трибуной и ложей прессы сровняли с землей, чтобы кто-то мог построить на его месте чудовищный многоквартирный дом. Новый парк, попроще, был разбит у реки, близ того места, где жили Баттеры, но, когда я посетил его последний раз, он был заросший и казался заброшенным.

Спросить, что произошло, было некого, потому что на улицах города людей не наблюдалось: ни детей на велосипедах, ни переговаривающихся через забор соседок, ни стариков на верандах. Все сидели по домам.

Супермаркет «Даль» все еще стоит и все еще пользуется любовью, но много лет назад, в одну из проводимых время от времени, обычно вносящих сумятицу реконструкций утратил «Кораль малышей» и переход с бакалейными секциями. Почти все остальные лавки и мастерские по соседству — бакалея Гранда, лавка печеных изделий Барбары, кафе-мороженое Рида, парикмахерская Поупа, магазин красок «Шервин-Уильямс», магазин телевизоров и электротоваров Митчема, маленькая обувная мастерская Джимми-итальянца (любимца округи), лавка гамбургеров Генри, аптека Рипперта — давно исчезли. На месте некоторых из них теперь большая аптека Уолгрина, так что можете купить все под одной крышей в большом, безликом, ярко освещенном помещении, у людей, которых вы раньше никогда не видали и которые не помнят вас. Во время последнего посещения я с удовольствием отметил, что у них есть мужские журналы, чему бы раньше не поверил, но они запечатаны в пластиковые пакеты, так что теперь фактически труднее рассматривать фигуры голых женщин, чем в мое время.

Все большие магазины в центре один за другим исчезли. Закрылись универмаги Гинзберга и «Нью Утика». Закрылись «Кресгез» и «Вульворт». Закрылся «Фрэнкельз». Закрылся «Пинкиз». Дж.С. Пинки отважился открыть в центре новый универмаг, но и тот закрылся. В торговом здании закрылся ресторан. В то время то ли на кого-то напали, то ли кто-то вспугнул бездомного, или что-то вроде того, в центр после наступления темноты совсем перестали ходить, и закрылись все остальные рестораны и ночные заведения.

В довершение унижения перенесли автобусную остановку.

«Йонкерс», огромный, как океанский лайнер, универсальный магазин, практически оставался единственной реликвией славных дней моего детства. Много лет он отважно цеплялся за старое коричневое здание в центре, хотя, чтобы выжить, закрывал целые этажи и отступал в более скромные уголки того же здания. В конечном счете в нем осталось всего шестьдесят человек персонала по сравнению с более чем тысячей в лучшую пору. Летом 2005 года, после ста тридцати одного года коммерции, закрылся совсем.

Когда я был ребенком, у «Реджистер» и «Трибюн» была огромная фототека, занимавшая помещение футов, пожалуй, восемьдесят на шестьдесят, где я часто проводил приятные полчаса, дожидаясь маму. Там, должно быть, хранилось полмиллиона фотографий, а может, и больше. Можно было заглянуть в любой ящик любого шкафа и увидеть много интересного и увлекательного из прошлого нашего города: пожары пятой категории, сошедшие с рельсов поезда, родители на ступеньках приставной лестницы в больнице с пострадавшими от полиомиелита детьми, дама с балансирующими на груди пивными кружками. Фототека была наглядной историей Де-Мойна двадцатого века.

Недавно я побывал там в поисках иллюстраций для этой книги и, к своему удивлению, обнаружил, что фототека занимает небольшую комнатку в задней части здания и что почти все старые снимки несколько лет назад были выброшены.

— Им потребовалось помещение, — чуть сконфуженно оповестила меня нынешняя заведующая фототекой Джоу Энн Дональдсон.

Мне было довольно трудно поверить в это.

— И они не передали их историческому обществу штата? — спросил я.

Она отрицательно покачала головой.

— Или в городскую библиотеку? В университет?

Снова дважды покачала головой.

— Снимки отдали в утиль для извлечения серебра, — объяснила она.

Таким образом, исчезло не только большинство памятных мест, но и их изображения, сама память о них.

А жизнь у людей продолжалась — или в отдельных случаях, к великому несчастью, навсегда останавливалась. В 1986 году тихо перешел во вторую категорию мой отец. В одну из ночей он лег спать и не проснулся — довольно хороший способ уйти, если приходится уходить. К тому времени он начал стесняться своего 71-летнего возраста. Работай он в более крупной газете, я ни капли не сомневаюсь, отец был бы одним из знаменитейших бейсбольных комментаторов своего времени. Из-за того что мы остались в Де-Мойне, мир не получил возможности увидеть, на что он был способен. Конечно, и он сам. В обоих случаях я не могу удержаться от мысли — ни одна из сторон не знала, что потеряла.

Мать оставалась в фамильном доме сколько могла, но в конце концов продала его и переехала в хороший многоквартирный дом на Гранд-авеню. И теперь, когда ей за девяносто, она находится в добром здравии, остается восхитительно жизнерадостной и уверенной в себе, готовая, как всегда, сорваться с места и приготовить тебе сэндвич с хранящейся в глубинах холодильника какой-нибудь диковинкой. По-прежнему под раковиной большой запас стеклянной посуды (хотя, уверяет она, никто в нее никогда не ходил). У нее самая богатая на Среднем Западе коллекция пакетиков сахара, подсоленных крекеров и самого разнообразного варенья. Ей, между прочим, хочется доказать, она не такая уж плохая стряпуха, какой старается изобразить ее в своих книгах нерадивый сын, и я с радостью готов подтвердить, что она абсолютно права.

Что до остальных, кто прошел через мои ранние годы и попал на страницы сей книги, трудно рассказать о них больше, не нарушив их анонимности.

Даг Уиллоуби, можно сказать, провел четыре веселых года в колледже — это было время крайностей; больше ничего не скажу, — но позже угомонился. Теперь живет спокойно и респектабельно в небольшом городке на Среднем Западе, хороший и любящий отец и муж, отзывчивый сосед и превосходный человек. Уже много лет ничего не взрывал.

Стивен Кац, окончив среднюю школу, с головой окунулся в мир наркотиков и алкоголя. Год или два провел в Университете Айовы, потом вернулся в Де-Мойн, где жил поблизости от «Тимбер Тэп», бара на Форест-авеню, отличавшегося тем, что открывался ежедневно в 6 часов утра. Каца часто видели в этот час входившим туда в домашних шлепанцах и халате «промыть глаза». За двадцать пять лет или около того он вогнал в себя довольно много всевозможных меняющих психику зелий. В свое время он был одним из двух потребителей опиума в Айове (вторым был его поставщик) и славился среди друзей удивительной способностью эффектно разбивать машины и, ухмыляясь, невредимым вылезать из-под обломков. После описанной в «Прогулке по лесу» (которую он называет «в основном вымыслом») авантюры, где он играл не последнюю роль, Кац стал уважаемым и, в общем, примерным членом общества анонимных алкоголиков, начал работать в типографии и нашел ангельскую спутницу жизни по имени Мэри. Во время написания сей книги он как раз отметил третью годовщину полного воздержания — успех, которым можно гордиться.

Джед Маттес, мой приятель-гей, вскоре после того, как провел меня на ярмарке в тент со стриптизом, переехал с семьей в Дюбюк, и я совсем потерял с ним связь. Лет двадцать назад, когда искал себе литературного агента, я попросил своего приятеля, одного из нью-йоркских издателей, кого-нибудь порекомендовать. Он упомянул одного способного молодого человека, только что оставившего литературное агентство Ай-си-эм, чтобы основать собственное. «Его зовут Джед Маттес, — сказал он мне, — знаете, кажется, он из вашего родного города».

Так что на следующие десять с половиной лет Джед стал моим агентом и снова близким другом. В 2003 году после долгой борьбы с раком он скончался. Мне его очень не хватает. Между прочим, Джед Маттес — это его настоящие имя и фамилия; думаю, он единственный из моих сверстников, которому я не присвоил псевдоним.

Бадди Доберман исчез без следа в разгар учебы в колледже. Он поехал в Калифорнию следом за девушкой, и больше его не видели. Также неизвестна судьба братьев Ковальских, Лэнни и Лампи. Артур Берген стал страшно богатым вашингтонским адвокатом. Клан Баттеров однажды весной уехал и больше не возвращался. Мильтон Мильтон стал военным, был в довольно высоких чинах и погиб при аварии вертолета во время подготовки к первой Войне в Заливе.

Благодаря моей работе у меня иногда бывают неожиданные встречи. Однажды, после представления читателям моей книги в Денвере, ко мне подошла женщина и представилась как Мэри О'Лири. На цепочке висели большие очки, выглядела она веселой, довольной и поразительно мясистой. На другой встрече один человек, которого я считал в детстве робким и застенчивым, подошел ко мне с видом кинозвезды. По-моему, жизнь довольно щедра на такие метаморфозы.

Малыш по прозвищу Молния вырос и кое в чем изменился. До недавних пор он время от времени испарял людей, особенно после того, как они, не прощаясь, удалялись, когда им указывали на дверь, но постепенно перестал их ликвидировать, когда понял, что не может угадать, кто из них покупает книги.

Испорченная молью дырявая священная футболка Зэпа была выброшена родителями в 1978 году во время прискорбно ошибочной чистки дома, заодно с бейсбольными билетами, комиксами, журналами «Бойз лайф», плетью и шпагой Зорро, шапкой из шкуры енота Дейви Крокетта, шейным платком и кольцом к нему Владыки Неба, расшитым ковбойским жилетом и сапогами с бриллиантами и звенящими лужеными шпорами Роя Роджерса, служебным набором бойскаута, клубной карточкой болельщиков Владыки Неба и другими важными мандатами, сигнальным фонариком Бэтмена, настольным футболом, шлемом, одобренным самим Джонни Унитасом, книжками о «стойких парнях» и бесценным набором киноафиш, многие из которых были как новые.

Что поделаешь, таков мир. Дорогие тебе вещи выкидывают. Жизнь продолжается. Но я частенько подумываю, обидно не беречь вещи, которые в пятидесятые годы сделали нас другими, особыми, привлекательными. Представьте себе те кинотеатры в центре города с их огромными экранами и вычурным декором, захватывающе оживленными звуком Долби и отличной компьютерной графикой. Ныне это выглядело бы волшебством. Представьте, что вся публичная жизнь — учреждения, магазины, рестораны, развлекательные заведения — удобно собрана в центре города и, переходя из одного здания в другое, вы каждый раз дышите свежим воздухом и наслаждаетесь дневным светом. Представьте кафетерий с атомными туалетами, знаменитую чайную комнату, где юным клиентам раздавали подарки, магазин одежды с величественной лестницей и бельэтажем, «Кораль малышей», где можно наслаждаться комиксами сколько душе угодно. Представьте себе город, полный вещей, которых не было ни в каком другом городе.

Каким удивительным был бы этот мир! Каким удивительным он был! Боюсь, что подобного мы больше не увидим.

Билл Брайсон

100 % Америка, или Как я стал мужчиной

Издатель *Анастасия Маркелова*

Редактор *Т. Бушева*
Оформление обложки *К. Яворского*
Верстка *С. Чорненького*
Корректор *Е. Туманова*

Подписано в печать 25.11.09. Формат 84×108 1/32.
Тираж 4000 экз. Заказ № 267.

Общероссийский классификатор продукции ОК-005-93, том 2; 953000 — книги, брошюры

Gelcos Publishing House Ltd
Chrysantou Mylona, 3, P.C. 3030 Limassol, Cyprus
www.gelcos.ru

ООО «Кэпитал Трейд Компани»
115093, г. Москва, Партийный переулок, 1, корп. 11
Тел. (495) 785-02-39. Тел./факс (495) 951-89-72

Отпечатано в ОАО «Рыбинский Дом печати»
152901, г. Рыбинск, ул. Чкалова, д. 8

«Гоморра» — бескомпромиссное журналистское расследование, проливающее свет на деятельность одной из самых больших и влиятельных преступных группировок Европы — неаполитанской каморры. Эта организация заправляет всем — от торговли людьми до индустрии моды. Годовой оборот — 150 миллиардов евро. За последние 20 лет каморра уничтожила более 10 тысяч человек по всему миру. Мафия назначила денежный приз за голову Савьяно. Однако писатель продолжает обличать мафиози. Сейчас Савьяно находится под защитой итальянской полиции. Известный писатель Умберто Эко считает Савьяно героем, а также одним из наиболее выдающихся документалистов Италии.